KB160724

BASIC MEAT PROCESSING

기초 육제품 제조학

BASIC MEAT PROCESSING

기초 육제품 제조학

허선진·김형상·정은영
이승연·윤성열·김온유·이다영 지음

한국학술정보

소개하는 글

본 저서는 식육 또는 육제품의 제조를 처음 배우는 학생 또는 일반인들이 스스로 학습할 수 있도록 가능한 쉽게 집필하고자 노력하였다. 기존에 출판된 많은 저서들은 혼자서 스스로 학습하기 쉽지 않은 전문적인 내용들이 많았을 뿐만 아니라 육제품 제조 공정에 대한 자세한 내용을 함유한 저서가 부족하다고 판단된다. 따라서 본 저서에서는 독자의 이해를 돕기 위해 기존에 출판된 국내외 많은 저서, 논문 또는 관련기관의 공개 자료 등을 발췌하여 독자가 쉽게 이해할 수 있도록 풀어서 다시 집필하였다. 그러나 법률자료는 수정할 수 없으므로 인용표기와 함께 그대로 삽입하였다. 뿐만 아니라 독자의 이해를 돕기 위해 사진과 그림 등을 폭넓게 활용하였고, 육제품을 제조하는 과정을 단계별로 사진과 함께 상세한 설명을 첨가했다. 또한 본 저서가 학습서 형태로 활용될 수 있도록 좌측에는 본문을 넣고 우측에는 메모할 수 있는 공간을 일부 배치하였다.

현재까지 전 세계에 존재하는 육제품은 수천 종 이상이 되고, 같은 제품이라 할지라도 제조하는 사람에 따라 그 제조 방법이 동일하지 않을 수 있기 때문에 본 저서에서 제시한 육제품 제조 방법이 표준이 되거나 최고 또는 최선의 방법은 아닐 수 있음을 미리 밝혀두고자 한다. 또한 본 저서에서 발췌 인용한 자료와 그림 중에서 일반에 공개된 자료의 일부는 저자나 소유자와의 연락이 닿지 않아 동의를 얻지 못한 자료가 있었으나 그 출처는 빠짐없이 제시하고자 노력하였음을 미리 밝혀두고자 한다.

끝으로 본 저서가 나올 수 있도록 자료를 취합, 정리하고 같이 집필에 참여한 중앙대학교 동물생명공학과 식육가공학 및 생리활성소재학 실험실 연구원들과 대학원생들에게 감사의 마음을 전한다. 또한 본 저서의 육가공 분야 감수를 해준 에쓰푸드(주) 김대승 식품연구소 소장에게 감사의 마음을 전한다. 끝으로 본 저서가 출판될 수 있도록 배려하고 편집교정에 노력을 아끼지 않은 한국학술정보(주) 관계자분들께 감사의 마음을 전한다.

2017년 8월
대표저자 허선진

목 차

5장 식육의 저장

1장
근육의 구조

1. 근육의 구성 성분 및 특성

1) 근육의 화학적 조성

근육의 구성 성분 중 가장 많은 부분을 차지하는 것은 수분이며, 전체 근육의 약 70% 정도를 차지하고 있다. 수분 다음으로 많은 함량을 차지하는 것은 단백질로 수분(70%)을 제외한 건조 중량(30%)의 약 절반 정도가 단백질이다. 즉 건조 중량 30%의 절반 정도인 약 15%에서 20% 정도를 단백질이 차지한다고 할 수 있다. 수분과 단백질 다음으로 지방이 약 10% 정도를 차지하고, 이외에 탄수화물, 미네랄 및 비타민 등의 영양성분을 소량 함유하고 있다. 동물 근육의 구성 성분은 가축의 축종, 나이, 성별, 사양조건, 영양상태, 건강상태 등에 따라 차이가 있지만, 같은 동물일 경우에도 그 부위에 따라 차이가 날 수 있다.

<표 1> 근육의 화학적 조성

종류	수분(%)	단백질(%)	지방(%)	수분/단백질 비율
소고기	70.7	20.8	8.0	3.40
닭고기 흰색육	73.8	23.3	1.2	3.16
암탉	69.6	19.5	10.0	3.57
닭고기 적색육	73.1	18.5	6.4	3.95
소고기 적육	57.6	16.9	25.0	3.41
소고기 어깨 근육	60.0	15.6	23.4	3.84
돼지머리	57.9	16.1	25.0	3.60
소고기 뱃살	35.0	9.9	54.0	3.54
돼지고기	36.0	9.6	54.0	3.77
돼지턱살	23.4	6.3	70.0	3.72
소 심장	64.1	14.9	20.0	4.30

(1) 단백질

근육 중에서 수분을 제외하고 가장 함량이 높은 성분은 단백질이다. 단백질은 선상으로 이루어진 아미노산의 배열이 반복되는 고분자물질로서 폴리펩타이드(Polypeptide)라고도 한다. 단백질은 아미노산으로 구성되어 있고, 그 종류는 20가지이며, 이들은 아미노기($-NH_3$)와 카르복실기($-COOH$)를 가지고 있어 전기적으로 양성과 음성을 모두 가지

MEMO

고 있다. 그러므로 단백질은 여러 가지 물질들과 정전기적으로 잘 결합하는 성질을 가진다. 단백질의 특성은 단백질을 구성하고 있는 아미노산의 조성과 함량 및 구조적 특징 등에 따라 결정된다. 단백질은 보통 수백 개의 아미노산으로 결합되어 있어 아미노산의 결합서열이 단백질의 궁극적 특성을 결정한다. 근육 식품은 인류의 가장 중요한 단백질 자원으로 분류되는데 그 이유는 근육 단백질을 구성하고 있는 아미노산의 조성이 사람의 몸을 구성하고 있는 아미노산 조성과 유사하고 식물성 단백질에 비해 생물가가 높기 때문이다.

(이상 『축산식품학』 참조)

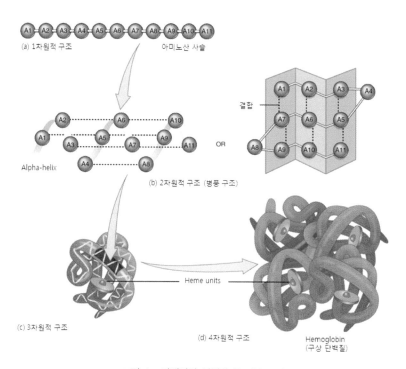

<그림 1> 단백질의 입체적 구조(Morita)

식육을 구성하고 있는 단백질은 크게 근장 단백질, 근원섬유 단백질 및 육기질 단백질로 구분된다.

① 근장 단백질(Sarcoplasmic protein)

근장 단백질은 물에 용해되는 수용성 단백질로 근육의 수축과 이완을 담당하는 근원

MEMO

섬유 사이사이에 용해되어 있으며, 신선육이나 냉동육에서 유리되어 나오는 육즙에 포함되어 있는 단백질로 근육 내에 존재하는 단백질 중 약 20~30% 정도를 차지하고 있다. 또한 근장 단백질은 액체 상태로 근육 속에 존재하고 각종 육색소 및 효소 등을 포함하고 있으며, 가축의 종류와 품종, 성별 또는 연령 등에 따라 함량과 특성에 차이가 있다.

② 근원섬유 단백질(Myofibrillar protein)

근원섬유 단백질은 근육의 구조를 형성하고 있기 때문에 구조 단백질이라고 부르며, 용해되는 성질에 따라 물에 녹지 않고 소금에 용해되기 때문에 염용성 단백질이라고 부르기도 한다. 이 단백질은 근육수축과 이완을 조절하는 여러 가지 조절 단백질들(액틴과 마이오신 등)로 이루어져 있으며, 전체 육단백질의 약 50~55% 정도를 차지하고 있다. 근원섬유에는 현미경상으로 보면 밝게 보이는 명대와 어둡게 보이는 암대가 교대로 가로모양으로 되어 있고 이러한 섬유들을 다발로 묶을 경우에는 밝은 곳과 어두운 부분이 모여 가로무늬가 보이기 때문에 횡문근이라고 한다.

(이상 『식육처리기능사 2』 참조)

③ 육기질 단백질(Stroma protein, Muscle protein)

전체 육단백질의 약 20% 정도를 차지하고 있는 육기질 단백질은 주로 근형질막, 모세혈관, 인대, 연골 같은 결합조직을 이루고 있기 때문에 결합조직 단백질 또는 결체조직 단백질이라고도 부르며, 콜라겐, 엘라스틴, 레티큘린 등의 섬유상 단백질로 구성되어 있다. 또한 물이나 농도 높은 염용액에 추출되지 않는 물질도 포함되어 있다. 주로 운동을 많이 하는 다리와 같은 부위에 많이 함유되어 있는 단백질로, 근육뿐만 아니라 내장이나 혈관, 피부 등에도 다량 존재하고 있다. 그러나 육기질 단백질은 조직이 질기고 영양학적 가치가 높지 않으며, 가축의 나이가 증가할수록 육기질 단백질의 함량이 증가하며, 식육이 질겨지는 원인이 된다.

(이상 『식육처리기능사 2』 참조)

MEMO

(2) 지방(또는 지질)

지방의 사전적인 의미는 물에는 녹지 않지만 에테르(Ether)나 클로로포름(Chloroform) 등과 같은 비극성 유기용매에는 녹는 물질을 말한다. 단백질과 탄수화물에 비해서는 비교적 분자량이 작고 조성이 간단한 화합물이다. 지방의 종류로는 크게 중성지방, 인지질, 콜레스테롤 및 왁스 등이 있다.

이러한 지방은 생체 내에 에너지의 저장 형태로 있으며 에너지 함량은 약 9Kcal/g로 탄수화물 5Kcal/g보다 높지만 비중을 크게 차지하지는 않는다. 또한 지방은 열전도율이 낮아 체온을 보호하는 역할을 한다.

근육의 구성 성분 중 지방은 축적되는 상황에 따라 그 함량의 변화가 가장 큰 물질이다. 근육의 운동량이 적은 배와 등 부위는 약 20~30% 이상을 차지하고 있지만 운동량이 많은 다리부위 등에는 약 2~5% 정도를 차지하고 있다. 근육의 지방함량은 축종, 연령, 성별, 사양조건 또는 부위 등에 따라 차이가 있으며, 그 성질도 달라진다. 가축의 근육 내 지방은 주로 근육이나 근섬유 사이에 축적되어 있기 때문에 축적지방이라고도 불리며, 대부분 중성지질로 구성되어 있다. 근육 내에 지방이 축척되어 나타나는 지방질을 상강도 또는 마블링(Marbling)이라고 한다. 국내에서는 소고기 같은 우육과 돈육의 육질을 판단하는 가장 주요한 기준으로 상강도 또는 마블링을 사용하는데, 근육의 지방함량(상강도, 마블링)이 높을수록 고기가 연해지고 풍미가 좋아지기 때문에 국내 소비자들에게 높은 가격에 판매되고 있다.

① 중성지방(Neutral fat)

자연계 내에서 존재하는 지방은 90% 이상이 중성지방이며, 중성지방은 한 분자의 글리세롤과 세 분자의 지방산으로 구성되어 있어서 트리글리세리드(Triglyceride)라고 부르며, 중성지방의 성질은 지방산의 종류에 따라 달라진다. 예를 들어 불포화지방산이 많으면 실온에서 액체 상태로 존재하고 포화지방산이 많으면 실온에서 고체 상태로 존재한다. 동물성지방은 포화지방산의 함량이 높기 때문에 실온에서 고체 상태이고, 식물성지방은 포화지방산에 비해 불포화지방산의 함량이 높기 때문에 실온에서 액체 상태로 존재한다.

MEMO

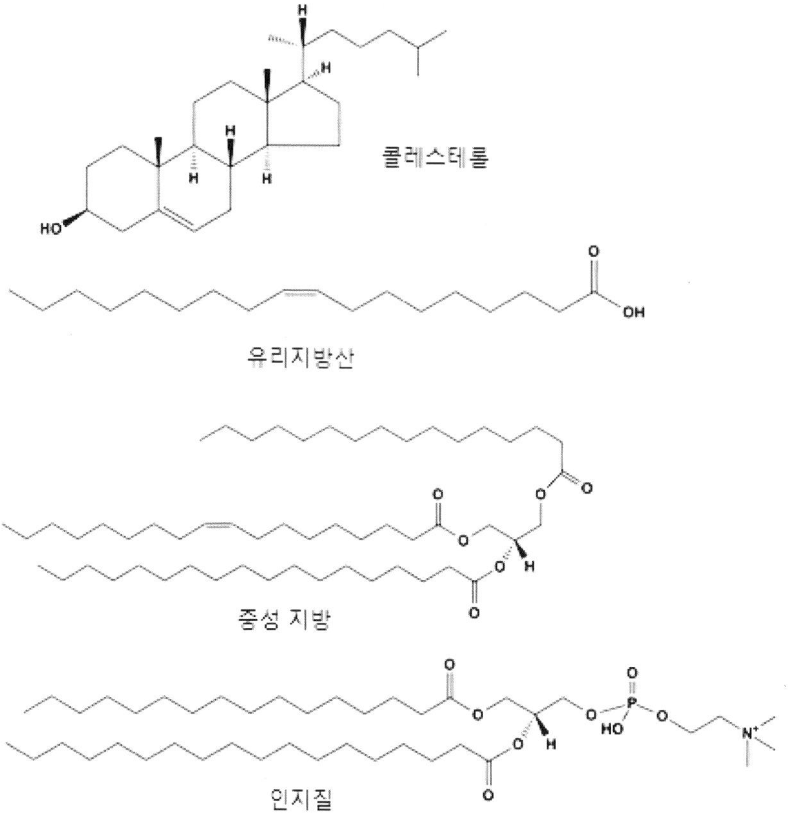

콜레스테롤

유리지방산

중성 지방

인지질

<그림 2> 지방의 구조(『Wikipedia』)

② 인지질(Phospholipid)

인지질은 중성지방 다음으로 많은 함량을 차지하고 있으며, 지방을 구성하는 세 분자
의 지방산 중에 하나의 지방산이 인산으로 치환된 것을 말하며 중성지방과 다르게 친수
성 부분을 일부 가지고 있어 세포막과 같은 구조물을 형성하는 데 사용되고 있다.

③ 콜레스테롤(Cholesterol)

콜레스테롤은 지방 성분의 일종이지만 구조적으로는 중성지방이나 인지질과는 전혀
다르며, 친수성과 소수성의 성질을 함께 가지고 있고 동물세포의 세포막을 구성하는 기
본 물질이다. 또한 콜레스테롤은 성호르몬, 부신피질호르몬, 담즙산 또는 비타민 D 등을
합성하는 전구물질로 생명을 유지하는 데 있어 중요한 역할을 한다.

MEMO

(3) 탄수화물

탄수화물은 포도당 여러 분자가 선상으로 배열되어 있는 고분자물질로 식물체에서는 전분 등의 형태로 존재하며, 동물의 혈액 내에서는 포도당(Glucose)의 형태로 존재하고 근육 내에서는 글리코겐(Glycogen)의 형태로 존재하고 있다. 포도당은 탄소 6개로 이루어져 있어 6탄당이라고 불리고, 2개의 포도당이 결합하면 2당류인 말토스(Maltose), 3개가 결합하면 3당류, 10개 이상이 결합하면 다당류인 전분이나 글리코겐이 만들어진다. 6탄당에는 프록토스(Fructose)가 존재하여 이것이 포도당과 결합하면 설탕이 되고 6탄당인 갈락토스(Galactose)가 포도당과 결합하면 유당이 된다. 자연계에는 3, 4, 5 그리고 7탄당이 존재하기는 하지만 6탄당이 가장 흔하다. 근육 내에서 당은 물질대사의 기본적인 위치에 있으므로 쉽게 지질 또는 단백질 합성에 필요한 대사에 참여할 수 있기 때문에 가장 쉽게 이용할 수 있는 에너지원이다. 특히 동물의 뇌는 대부분의 에너지원을 포도당에서 얻는다. 식물에서는 약 20%가 탄수화물이고, 동물에서는 1~2% 정도를 차지하지만 탄

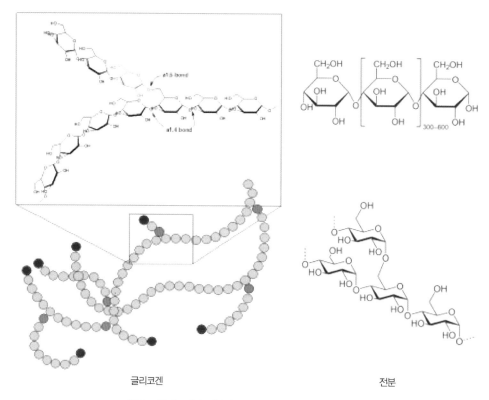

글리코겐　　　　　　　　　　　　　전분

<그림 3> 글리코겐과 전분의 구조(Wikiwand, Naturenscience)

MEMO

수화물은 동물체내에서 세포대사나 에너지대사에서 매우 중요한 역할을 한다. 또한 근육 내 글리코겐의 함량이나 도살 후 글리코겐의 해당과정(Glycolysis)의 정도가 고기의 pH, 육색, 조직감, 경도, 보수력(Water holding capacity), 유화력(Emulsifying capacity)과 보존성(미생물 성장 등) 등에 큰 영향을 미친다. 또한 글리코겐은 산소가 없는 혐기적 조건에서 분해되어 에너지를 생성할 수 있기 때문에 도축 후 근육이 수축되는 사후강직 현상에서 근육을 수축시키는 에너지원으로 작용한다.

(4) 무기질과 비타민

근육 내에는 다양한 종류의 비타민과 미네랄들이 존재한다. 식육은 비타민 B군의 훌륭한 공급원이고 특히 돼지고기는 비타민 B1을 가장 많이 함유하고 있다. 일반적으로 고기는 축종에 따라서 비타민 함량의 차이가 매우 크게 나는 편이지만, 부위에 따른 함량의 차이는 상대적으로 적은 편이다. 식육 내 미네랄 함량은 약 1% 정도이고, 그 종류는 함량에 따라 나트륨, 칼륨, 마그네슘, 칼슘, 아연, 철 등 다양하다. 이러한 미네랄도 축종, 품종, 부위에 따라 함량이 다르며, 이는 식육의 보수력, 지방의 산패 등에 영향을 미치기 때문에 영양학적뿐만 아니라 가공학적 측면에서도 중요하다.

<표 2> 고기 종류에 따른 수분, 단백질, 지방의 함량

고기 종류	수분(%)	단백질(%)	지방(%)	수분/단백질 비율
소고기	70.7	20.8	8.0	3.40
닭고기 백색육	73.8	23.3	1.2	3.16
암탉	69.6	19.5	10.0	3.57
닭고기 적색육	73.1	18.5	6.4	3.95
소고기 적육	57.6	16.9	25.0	3.41
소고기 어깨 근육	60.0	15.6	23.4	3.84
돼지머리	57.9	16.1	25.0	3.60
소고기 뱃살	35.0	9.9	54.0	3.54
돼지고기	36.0	9.6	54.0	3.77
돼지 턱살	23.4	6.3	70.0	3.72
소 심장	64.4	14.9	20.0	4.30

(진상근)

MEMO

2. 근육의 구조

1) 상피조직(Epithelial tissues)

상피조직은 동물체의 내외부의 표면을 보호하는 조직으로 몸과 외부 환경의 경계를 형성하며, 피부, 가죽, 혈관 및 림프관 등이 이에 해당된다. 상피조직은 상피, 신경, 결체, 근육 등 4개의 주요 조직 중에 가장 적은 양으로 존재하며, 도살과 가공과정에서 제거된다. 이들의 표면은 보호, 분비, 배설, 수송, 흡수, 감각, 인지 등 여러 기능을 효과적으로 수행하는 다기능세포를 이루고 있다. 상피조직은 형태에 따라 편평, 입방, 원주, 섬모형 등이 있다. 상피조직은 피부뿐만 아니라 늑막을 둘러싸고 있는 간, 신장, 흉선 등이 이에 해당되며, 미뢰나 후각기관 주위의 표면 또한 상피조직에 해당된다. 이러한 상피조직은 외부자극을 감지하여 중추신경계로 전달하는 역할을 한다.

(이상 『식육생산과 가공의 과학』 참조)

입방 상피　　　편평 상피

원주 상피　　　중층 상피

<그림 4> 상피조직의 형태(Slideshare, Presentation on tissues)

2) 신경조직(Nerve tissues)

신경조직은 뇌에서 전달하는 전기적 자극을 근육으로 전달하는 세포로 구성되어 있으며 중추신경계와 말단신경계는 뉴런(Neuron)이라는 신경세포로 이루어져 있다. 중추신

MEMO

경계는 뇌와 척수로 구성되어 있으며, 말단신경계는 전기적으로 자극을 받는 신경세포 (Neuron)와 지지, 단열, 보호, 도포하는 비전달세포(아교세포: Glia cell)로 구성되어 있다.

뉴런은 신경 세포체, 가지 돌기 및 축삭 돌기를 갖고 있어 기본적인 구조는 유사하지만, 모양에 다소 차이가 있고 기능에 따라 감각 뉴런, 중간 뉴런 및 운동 뉴런으로 나누어진다.

첫 번째 감각 뉴런은 오감(시각, 청각, 후각, 촉각, 미각)을 받아서 그 자극을 전기신호의 형태로 중추신경계로 전달하는 역할을 하는 뉴런으로 신경세포체를 가진다. 즉 자극을 뇌로 전달하는 역할을 한다.

두 번째 중간 뉴런은 중추신경계에 존재하며, 뉴런과 뉴런을 서로 이어주며, 전기적 신호를 감각 뉴런과 운동 뉴런으로 상호 전달해주는 역할을 한다.

세 번째 운동 뉴런은 여러 감각기관을 통해 받아들인 자극을 전기 신호의 형태로 중추신경계에 전달하여 다시 반응하게 하는 역할을 한다. 즉 뇌의 신호를 근육이나 신체 부위로 전달하여 자극에 대하여 반응하도록 하는 역할을 담당한다. 운동 뉴런은 아래의 그림 5와 같이 근육과 결합하고 있으며, 뇌에서 전달된 전기적 신호를 근육에 전달하여 근육이 움직일 수 있도록 한다.

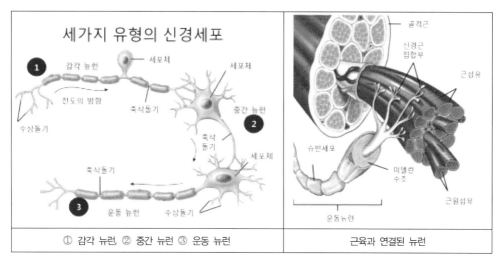

<그림 5> 세 종류의 뉴런과 근육과 연결된 뉴런(Cram, The free dictionary)

MEMO

(1) 신경과 근육의 막전위

뉴런이 감각부위(피부, 장 점막, 혀와 같은 통증부위 등)에서 인지한 외부 자극 등을 중추신경계를 통해 뇌로 전달하거나 반대로 뇌에서 전달되는 신호를 신체 각 부위로 전달하여 근육이나 기타 신체 조직이 움직일 수 있도록 하는 신호전달 과정은 뉴런의 막전위(Membrane potential)를 통해 이루어진다.

뉴런의 정상적인 휴지기 상태(자극이 없는)에서 뉴런 세포의 전위(Electrical potential)는 세포 내부와 외부 사이에 항상 존재한다. 뉴런의 원형질막을 통한 Na^+와 Cl^-의 농도 구배(농도 기울기)는 세포 밖으로 Na^+의 능동 수송과 세포 안으로의 K^+의 능동 수송에 의해 유지된다. 이 전위는 10∼100mV로 세포형에 따라 다양하며, 이들 섬유 내외부에 있는 액은 동등한 양의 양이온과 음이온을 함유하고 있다.

휴지기 상태에서 감각부위가 내외부 자극을 받으면 전위의 변화가 발생하는데, 이를 활동 전위(Action potential)라고 한다. 신경세포는 활동 전위 과정을 통해 근육부위 등으로 신호를 전달하게 된다. 활동 전위의 단계는 휴지기, 탈분극과 활동 전위 형성, 재분극 등 3단계로 나눌 수 있다.

(이상 『식육의 과학과 이용』, 『식육생산과 가공의 과학』 참조)

(2) 활동 전위(Action potential)의 발생

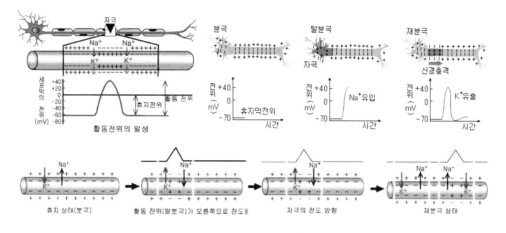

<그림 6> 활동전위의 발생(Msnayana)

MEMO

① 휴지기 단계

휴지기 단계는 자극이 없는 상태이며 이온 채널이 닫혀 있어 세포막 간 이온의 이동이 발생하지 않는다. 즉 신호의 전달이 없는 상태이다.

② 탈분극 단계

세포가 자극을 받게 되면, Na^+ 채널, K^+ 채널 등 이온이 세포 내외부로 이동할 수 있는 채널이 열리며 이온의 이동이 발생한다. 이때 Na^+ 이온이 세포막 내부로 급속히 이동하여 세포막 내부가 (-) 전위에서 (+) 전위로 바뀌게 되고, 세포막 외부는 (+) 전위에서 (-) 전위로 바뀌게 된다. 이것을 탈분극이라고 하며, 탈분극된 상태로 이동을 하면서 신호를 전달하게 된다.

③ 재분극 단계

탈분극이 진행되고 나면 Na^+ 이온의 유입보다 K^+ 이온의 유출되는 양이 많아져 세포막 내부는 (-) 전위를 띠고, 세포막 외부는 (+) 전위를 띠게 되는데 이를 재분극이라고 한다. 이 과정이 끝나면 다시 모든 채널이 닫혀 초기와 같은 휴지기 상태를 유지하게 된다. 이러한 탈분극과 재분극이 빠르게 진행되어 이동하면서 신경세포가 신호를 전달하게 된다.

3) 결체조직(Connective tissues)

결체조직은 소화기관, 심장, 허파, 혈관, 림프관의 골격 및 근육, 인대, 건 등과 같은 구조를 둘러싸는 막으로 뼈와 뼈, 뼈와 근육, 조직과 조직을 연결시켜주는 역할을 한다. 결체조직은 지방조직, 연골, 뼈, 혈액, 림프, 신경, 간 등 여러 조직들의 연결을 유지하는 역할을 한다. 또한 장기 주위를 부드럽게 감싸는 조직을 형성할 수 있으며, 체중, 운동, 마모 등에 견딜 수 있게 한다. 신경과 피부는 결체조직에 의해 붙어 있고, 전염성 인자에 대한 장벽 역할을 하여 신체를 보호할 수 있다.

MEMO

1장 근육의 구조 31

(1) 결체조직의 유형

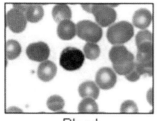
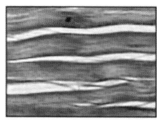
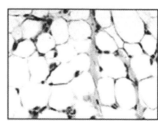

Blood Fibrous connective tissue Adipose tissue

<그림 7> 결체조직(『Wikipedia』)

① 액체형(Fluid) 결체조직

혈액, 림프, 혈장 등 세포 사이의 물질로 운반 역할을 하며 전체 결체조직 중 약 55%를 차지한다.

② 섬유형(Fibrous) 결체조직

비정형의 물질로 주요 3대 결체조직으로는 콜라겐(Collagen), 엘라스틴(Elastin), 망상조직(Reticulum)이 있다. 그 외에도 힘줄(Tendon), 인대(Ligament), 근막(Fascia), 외근주막(Epimysium), 내근주막(Perimysium) 등이 이에 해당된다.

③ 고체형(Solid) 결체조직

연골(Cartilage), 뼈(Bone), 지방(Adipose) 등에 함유되어 있다.

4) 근육조직(Muscle tissues)

동물체의 조직은 크게 근육, 지방, 뼈로 구성되어 있으며, 이들의 성질 및 비율은 식육의 품질에 매우 중요하게 작용한다.

MEMO

(1) 근육의 구조

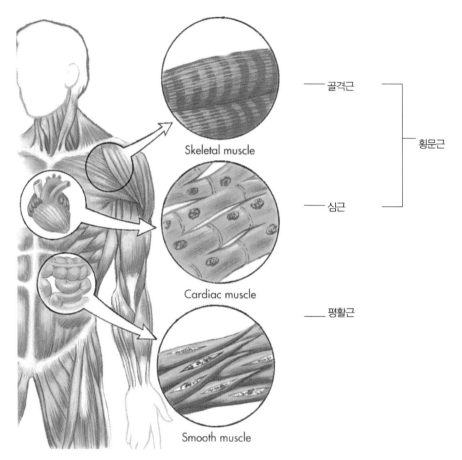

골격근

심근

횡문근

평활근

Skeletal muscle

Cardiac muscle

Smooth muscle

<그림 8> 주요 근육의 분류와 구조(Human anatomy library)

근육은 크게 횡문근(Striated muscle)과 평활근(Smooth muscle)으로 구분한다. 횡문근은 현미경에서 보았을 때 횡으로 무늬를 띠며 다시 골격근(Skeletal muscle)과 심근(Heart muscle)으로 나뉜다.

골격근은 직간접으로 뼈에 부착되어 있는 근육으로 얇은 결합 조직막으로 덮여 있다. 뇌의 명령에 따라 움직이는 이 근육을 수의근(Voluntary muscle)이라고 하며, 근육의 수축과 이완을 반복하여 몸을 움직이게 하며 생체 반응을 유지하는 데 필요한 각종 에너지원을 저장한다. 골격근 조직의 구조적 단위로는 근섬유(Muscle fiber)가 있으며 이는 전체 근육의 70% 이상을 차지한다.

(이상 『축산식품학』, 『식육의 과학과 이용』 참조)

MEMO

심근은 심장에만 유일하게 존재하고 있는 독특한 형태의 근육으로, 근육을 수축하여 심방과 심실의 혈액을 대동맥, 폐정맥을 비롯한 전신으로 보내주는 역할을 한다. 동물의 의지와 상관없이 자율신경계에 의해 움직이는 불수의근(Involuntary muscle)이며, 골격근과는 다르게 심근은 가지 형태로 갈라져 있다. 이렇게 심근을 구성하는 세포는 핵을 포함하고 있다.

평활근은 주로 내장, 림프관, 혈관, 요도, 소화기관, 자궁 등의 벽을 형성하는 불수의근(Involuntary muscle)으로 횡문 무늬가 없고 모양이 다양한 것이 특징이다. 보통 평활근은 횡문근보다 길이가 더 길며, 더 큰 탄력성과 신축성을 보이는 경향이 있다. 에너지 소비의 측면에서 보면 횡문근(골격근과 심근)은 평활근에 비해 에너지 소비량이 상대적으로 많다.

(이상 『Wikipedia』, 『식육과학』 참조)

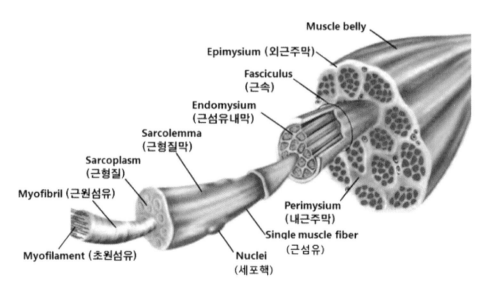

<그림 9> 골격근의 구성과 구조(Sport-fitness-advisor)

근육은 가는 필라멘트(Actin, 액틴)와 굵은 필라멘트(Myosin, 마이오신)로 구성된 초원섬유(Myofilament)로 이루어져 있으며, 이들이 모여 골격근을 구성하는 가장 기본적인 세포조직 단위 근섬유(Myofibril)를 이룬다. 하나의 근섬유는 근형질막이라는 얇은 결합조직막(근섬유내막: Endomysium)으로 둘러싸여 있다. 이 근섬유가 약 50~150개 정도

MEMO

다발로 묶여 하나의 1차 근속을 이루고, 1차 근속이 모여 2차 근속을 이룬다. 이때 1차 근속과 2차 근속을 묶어주는 얇은 결합조직막을 내근주막(Perimysium)이라고 한다. 여러 개의 2차 근속들이 외근주막(Epimysium)이라는 결합조직막에 묶여 하나의 근육을 이룬다.

(이상 『근육식품의 과학』 참조)

(2) 근육의 미세구조

근육의 가장 기본단위는 근섬유이다. 근섬유는 하나의 세포로 이루어진 조직으로 긴 원통 형태를 띠며, 이러한 근섬유는 단백질과 지질로 구성된 근형질막이 그 원통 모양을 둘러싸고 있다. 근섬유 사이는 액체상태의 근장(Muscle plasma)이 채우고 있다. 근장은 콜로이드성 물질로 미오겐(Myogen)으로 불리는 단백질의 혼합물과 글리코겐, 지방구, 리보좀, 비단백질 질소 화합물, 무기물 및 여러 소기관을 함유하고 있다. 일반적으로 적색근섬유(소, 말, 돼지, 양 등에 많이 존재하는 근섬유)가 백색근섬유(닭고기에 많이 존재하는 근섬유)보다 많은 근장을 함유하고 있다. 근섬유는 전자현미경으로 보면 어두운 부분과 밝은 부분이 규칙적으로 반복되는 것을 볼 수 있는데 밝은 부분을 명대, 어두운 부분을 암대라고 한다. 근섬유 주변을 둘러싸고 있는 근형질막은 탄력성이 있어 수축과 이완의 물리적 힘에 견딜 수 있다.

(이상 『식육의 과학과 이용』 참조)

MEMO

근육의 구조

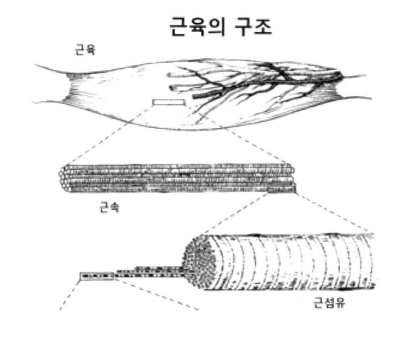

근육

근속

근섬유

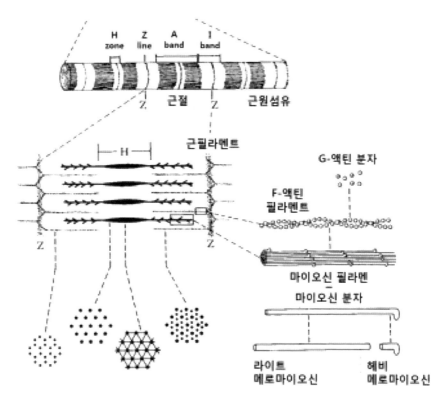

근육의 미세구조(Fawcett)

MEMO

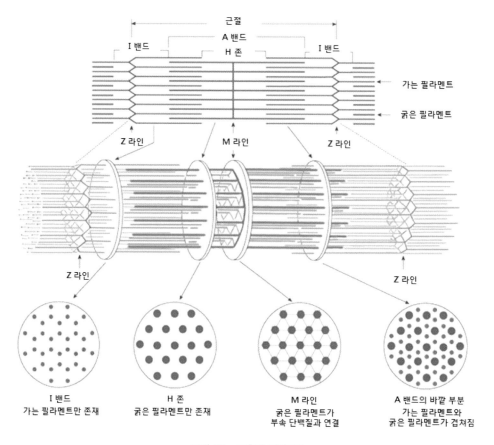

<그림 10> 근육의 미세구조

근육의 구성을 간략하게 정리하면 다음과 같다. 액틴(Actin) + 마이오신(Myosin) →
초원섬유(Myofilaments) → 근원섬유(Myofibril) → 근섬유(Muscle fiber) → 근속(Muscle
bundle) → 근육(Muscle), 즉 액틴 필라멘트와 마이오신 필라멘트가 결합하여 초원섬유
가 되고 초원섬유가 결합하여 근원섬유가 되고, 근원섬유가 모여 근섬유가 되고 근섬유
가 모여 근속이 되고, 근속이 모여 하나의 근육이 된다. 초원섬유를 조금 더 세부적으로
보면 액틴 필라멘트는 G 액틴과 F 액틴으로 구성되어 있고, 마이오신 필라멘트는 무거
운 마이오신과 가벼운 마이오신으로 구성되어 있다(액틴과 마이오신은 액틴 필라멘트와
마이오신 필라멘트 라는 용어로도 사용되지만 같은 의미이다).

근육의 수축과 이완을 담당하는 근육의 최소단위를 근절(Sarcomere)이라고 하며, 하나
의 근절은 하나의 마이오신 필라멘트 그룹과 두 개의 액틴 필라멘트 그룹으로 구성되어
있다(아래의 그림11 참조). 근절의 중앙에 위치한 마이오신 필라멘트는 M line과 결합해

MEMO

있으며 좌, 우측에 있는 Z line과 결합한 양측의 액틴 필라멘트를 잡아당기거나 미는 과정을 통해 근육의 수축과 이완이 일어나게 된다. 실제로 움직이는 근육 부분은 액틴 필라멘트이지만 액틴을 움직이게 하는 것은 마이오신 필라멘트이다. 근절의 미세구조를 보면 하나의 Z선과 다른 하나의 Z선 사이가 하나의 근절이 된다.

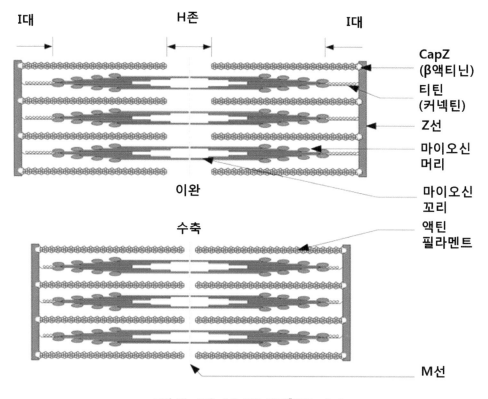

<그림 11> 근육 수축 전후 비교(『Wikipedia』)

·Z선: I대의 중앙에 위치하며 명대를 2등분하고 좌측 1개의 액틴과 우측 2개의 액틴이 교차하고 있고, 하나의 근절에는 두 개의 Z선이 존재한다.
·I대: 명대(Light band)는 밝게 보이는 부분이고, 액틴만 존재한다. 근육의 수축 시 I대의 길이는 짧아진다.
·A대: 암대(Dark band)는 어둡게 보이는 부분이고, 액틴과 마이오신이 같이 존재한다. 근육의 수축, 이완 시 변화가 없다. 즉 A대는 마이오신의 길이와 동일하다.
·H대: A대 중에서 마이오신만 존재하고 근육 수축 시 H대의 길이가 짧아진다.

MEMO

- M선: 정중앙에 위치하는 중앙의 짙은 선을 말하며, 마이오신과 결합해 있다.
- 근절(Sarcomere): Z선과 Z선 사이를 말하며, 수축과 이완의 기본단위를 말한다. 근절의 길이는 고기의 연도를 판별하는 척도로 이용된다.

3. 근육의 대사(Muscle metabolism)

1) 근육의 에너지 대사

근육이 에너지를 얻는 과정은 크게 세 가지로 볼 수 있으며, 첫 번째는 직접적 인산화 과정, 두 번째는 혐기적 대사과정 그리고 세 번째는 호기적 대사과정이다. 근육은 이러한 세 가지 대사과정을 통하여 ATP(Adenosine triphosphate)를 생성하게 되는데 이 ATP는 근육을 움직이는 에너지원으로 사용된다.

<표 3> 근육의 에너지 대사과정

(a) 직접적 인산화 반응	(b) 혐기적 대사	(c) 호기적 대사
Creatine phosphate (CP)와 ADP의 유발 반응	해당작용과 젖산의 형성	호기성 세포 호흡
에너지원: 크레아틴인산	에너지원: 글루코오스	에너지원: 글루코오스, 피루브산, 지방세포의 유리지방산, 단백질 이화작용에 의한 아미노산
- 산소가 필요하지 않음 - 1분자의 CP당 1개의 ATP가 형성됨 - 소요시간: 약 15초	- 산소가 필요하지 않음 - 1분자의 글루코오스, 젖산당 2개의 ATP가 형성됨 - 소요시간: 약 60초	- 산소가 필요함 - 1분자의 글루코오스, 이산화탄소, 산소당 32개의 ATP가 형성됨 - 소요시간: 약 1시간

MEMO

(a) 직접적 인산화: 크레아틴 포스페이트(CP, Creatine phosphate)가 아데노신 디포스페이트(ADP, Adenosine diphosphate)와 결합하는 반응 과정에서 에너지원인 1개의 CP로부터 1개의 아데노신 트리포스페이트(ATP, Adenosine triphosphate)를 생산한다.

(b) 혐기적 대사경로: 산소가 존재하지 않을 때, 근육 내에 존재하는 탄수화물(글리코겐)이 분해되는 해당작용(Glycolysis)으로 젖산(Lactic acid)이 생성되는 과정에서 1개의 포도당(Glucose)은 2개의 ATP를 생산한다.

(c) 호기적 대사경로: 산소가 존재할 때, 혈액 중의 존재하는 당분이나 글리코겐(Glycogen)을 이용하여 에너지를 생성한다. 1개의 글루코오스(Glucose)에서는 2개의 피루브산(Pyruvic acid)을 생성할 수 있으며, 그 결과 32개의 ATP를 생산한다.

2) 근육의 수축과 이완 기작

근육은 화학에너지를 이용하여 수축과 이완이라는 기계적 에너지를 생성할 수 있는 조직으로, 골격에 부착되어 있고, 수축과 이완을 통해 몸이 움직일 수 있도록 한다. 근육의 수축은 자극이 근섬유 표면인 근초(Sarcolemma)에 도달하는 반응을 통해서 시작된다. 뼈와 결합해 있는 근육을 골격근이라고 하며, 골격근의 수축과 이완은 중추신경계(뇌 또는 척추) 내에서 시작되어 말초신경계를 경유한 후, 근육에 전달되는 신경자극에 의해 시작된다. 이러한 신경자극은 앞서 언급한 활동전위 과정을 통해 근육으로 전달된다.

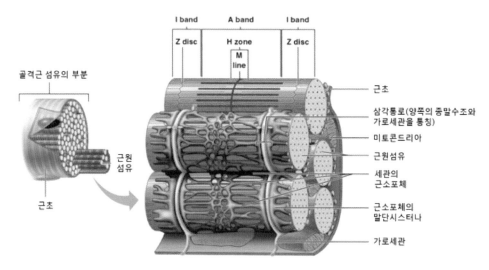

<그림 12> 근원섬유의 구조(Pearson Education)

MEMO

근육 수축을 위한 필라멘트의 활동 기작

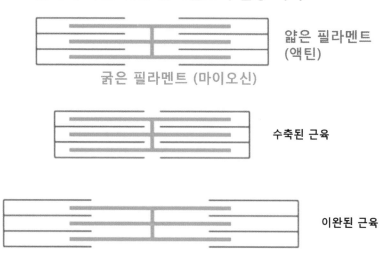

얇은 필라멘트
(액틴)

굵은 필라멘트 (마이오신)

수축된 근육

이완된 근육

<그림 13> 근육 수축을 위한 필라멘트의 활동 기작(『Wikispaces』)

4. 근육의 수축 이완 기작

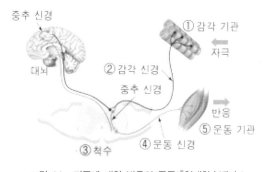

<그림 14> 자극에 대한 반응의 종류(『천재학습백과』)

① 먼저 자극을 받으면 "감각 신경 (감각 뉴런)"이 그 자극을 받아들이고, "연합 신경(연합 뉴런 또는 중간 뉴런)"을 거쳐 뇌에 전달하게 된다. 자극을 받은 뇌는 그에 대한 반응 신호를 다시 "연합 신경"을 거쳐 "운동 신경(운동 뉴런)"으로 보냄으로써 몸이 반응하는데, 이러한 자극은 활동전위 과정을 통해 신호전달이 이루어진다.

MEMO

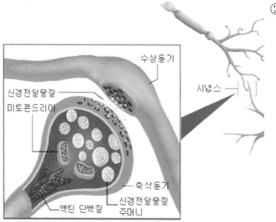

② 뇌에서 발생하는 신호(활동전위)는 뉴런의 축색종말(축색돌기)에 도달하여 아세틸콜린과 같은 신경전달물질을 근육 쪽으로 방출한다. 이러한 신경전달물질이 근섬유막에 존재하는 탈분극된 수용기(신호를 받는 부위)에 닿으면 다시 활동전위가 발생한다. 축색(=축삭)

<그림 15> 시냅스(『두산백과』)

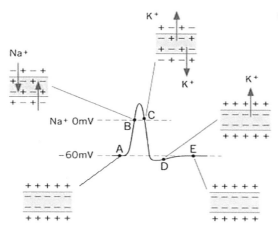

③ 활동전위(Action potential) 발생 전, 분극 상태에서는 막 외부가 양전하, 내부가 음전하를 띠고 있다. 그러다 자극이 주어지면 나트륨이온이 유입되어 막 내부가 양전하를 띠는 탈분극 상태가 된다. (탈분극이 끝나면 칼륨이온이 막 외부로 확산되어 내부는 다시 음전하를 띠게 된다.)

<그림 16> 활동전위의 발생(Msnayana)

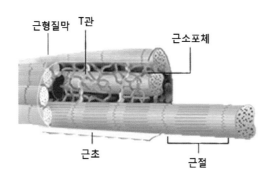

④ 근육의 근형질막을 따라 흐른 활동전위는 T관(T소관)을 따라 내려가서 근소포체에 자극은 주면 칼슘 저장소인 근소포체(Sarcoplasmic reticulum)에서 칼슘 이온이 방출되어 근원섬유를 타고 흐른다.

<그림 17> 근소포체와 T관(Buzzle)

MEMO

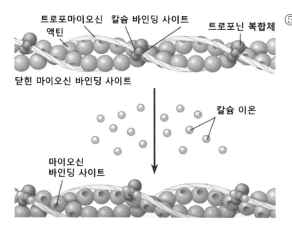

트로포마이오신 칼슘 바인딩 사이트   트로포닌 복합체
액틴

닫힌 마이오신 바인딩 사이트

칼슘 이온

마이오신
바인딩 사이트

<그림 18> 마이오신 바인딩 사이트(Wixsite)

⑤ 근소포체에서 방출된 칼슘 이온이 액틴 필라멘트의 트로포닌-C에 결합하면 트로포마이오신(밧줄모양)이 수축하여 마이오신과 결합할 수 있는 트로포닌 결합부위가 노출이 된다.

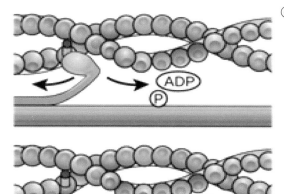

ADP
P

ATP

<그림 19> 크로스브릿지(Slideshare)

⑥ ATP가 마이오신의 머리에 결합하면 마이오신 머리가 액틴의 결합부위(트로포닌 결합부위)에 결합하고, 이는 크로스브릿지(Cross-bridge)라고 불리는 가교를 형성하게 되며 파워스트로크(Power-stroke)가 일어나게 된다. 이때 ATP가 효소에 의해 ADP와 무기질 인으로 분해되는 과정에서 에너지를 방출하고, 이 에너지에 의해 마이오신이 액틴 필라멘트를 잡아당기며, 이 작용으로 인해 근육이 수축하게 된다.

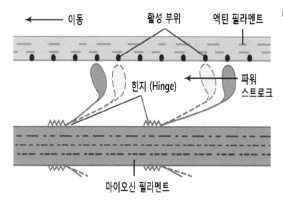

← 이동   활성 부위   액틴 필라멘트

힌지 (Hinge)   파워
스트로크

마이오신 필라멘트

<그림 20> 파워스트로크(Quora)

⑦ 근육 수축이 완료된 이후에는 칼슘 이온이 제거되는데 이는 근소포체로 돌아가서 활동전위가 끝난 후에 다시 사용될 수 있다.
ADP와 무기질인은 파워스트로크(Power-stroke) 동안 방출되고, 마이오신은 새로운 ATP가 접합될 때까지 액틴에 결합해 있게 된다. 만약 마이오신이 움직이지 않는다면 그것은 다른 근육 수축 사이클이 일어나기 전이거나 근육이 쉬고 있는 상태이다.

MEMO

2장

근육의 식육화

근육의 식육화는 식용으로 사용하는 경제 동물의 근육이 도축과 함께 식육이 된다는 것을 의미하며, 도축 전후의 가축과 고기의 취급과정에 의해 식육의 품질에 큰 차이가 나타날 수 있다. 비록 좋은 품종과 사양기술로 좋은 가축이 생산된다 하더라도 도축 전후 과정에서 취급이 잘못된다면 고품질의 식육을 얻기 어렵다. 그렇기 때문에 도축 전후 올바른 취급은 식육품질관리의 시작점이라 할 수 있다. 고품질의 식육을 생산하기 위해서는 출하농장에서부터 상하차, 이동, 계류, 도축, 발골 및 저장 등 도축의 전 과정에서 올바른 취급이 필요하다. 근육의 식육화 과정에서 도축장과 관련된 부분은 "축산물위생관리법" 자료와 "축산유통종합정보센터" 자료를 발췌하여 아래에 기술하였다.

1. 도축장

1) 도축

「축산물위생관리법」에서 도축장은 "식육생산을 목적으로 가축을 도축, 해체, 등급판정 및 저장 등을 할 수 있는 시설이다"로 규정되어 있다. 도축장은 산지와 가깝고, 폐수와 위치 등과 같은 환경문제와 국민정서에 문제가 없는 곳이 바람직하다. 「축산물위생관리법」에 제2조 제1항에 따르면 "가축"이란 소, 말, 양(염소 등 산양을 포함한다. 이하 같다), 돼지(사육하는 멧돼지를 포함한다. 이하 같다), 닭, 오리, 그 밖에 식용(食用)을 목적으로 하는 동물로서 대통령령으로 정하는 동물을 말한다. 제2항에서는 "축산물"이란 식육·포장육·원유(原乳)·식용란(食用卵)·육제품·유가공품·알 가공품을 말한다. 제3항에서는 "식육(食肉)"이란 식용을 목적으로 하는 가축의 지육(枝肉), 정육(精肉), 내장, 그 밖의 부분을 말한다. 제4항에서는 "포장육"이란 판매(불특정다수인에게 무료로 제공하는 경우를 포함한다. 이하 같다)를 목적으로 식육을 절단하여 포장한 상태로 냉장하거나 냉동한 것으로서 화학적 합성품 등의 첨가물이나 다른 식품을 첨가하지 아니한 것을 말한다. 제8항에서는 "육제품"이란 판매를 목적으로 하는 햄류, 소시지류, 베이컨류, 건조저장육류, 양념육류, 그 밖에 식육을 원료로 하여 가공한 것으로서 대통령령으로 정하는 것을 말한다. 제11항에서는 "작업장"이란 도축장, 집유장, 축산물가공장, 식육포장처

MEMO

리장 또는 축산물보관장을 말한다. 제31조의 5에서는 "축산물가공품이력추적관리"란 축산물가공품(육제품, 유가공품 및 알 가공품을 말한다. 이하 같다)을 가공단계부터 판매단계까지 단계별로 정부를 기록·관리하여 그 축산물가공품의 안전성 등에 문제가 발생할 경우 그 축산물가공품의 이력을 추적하여 원인을 규명하고 필요한 조치를 할 수 있도록 관리하는 것을 말한다고 규정하고 있다.

(이상 「축산물위생관리법」 참조)

(1) 도축장의 구조 및 설비

도축장은 법적으로 계류장, 생체검사실, 병축격리사, 냉동냉장실, 작업실, 소독실, 내장 및 도체 검사실, 오물처리실, 경의실, 목욕실, 휴게실 등을 갖추도록 규정되어 있다. 작업실은 위생적인 면을 많이 신경 써야 하는 장소이며 냉온수의 깨끗한 물 공급 또한 원활해야 한다. 작업실은 크게 도살실, 내장처리실, 원피처리실로 나눠지고, 바닥과 내부벽은 내수성이 강한 바닥재를 사용하여 청소가 쉬워야 하며 배수가 잘 되도록 설계해야 한다. 도체의 위생을 탈모나 박피가 끝난 도체가 레일을 통해 운반되는 도중이나 작업 도중에 바닥에 닿지 않도록 높게 설계해야 한다.

(이상 「축산물위생관리법」 참조)

2) 도축공정

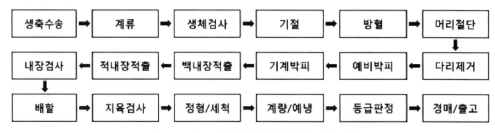

<그림 21> 소의 도축공정("축산유통종합정보센터" 참조)

MEMO

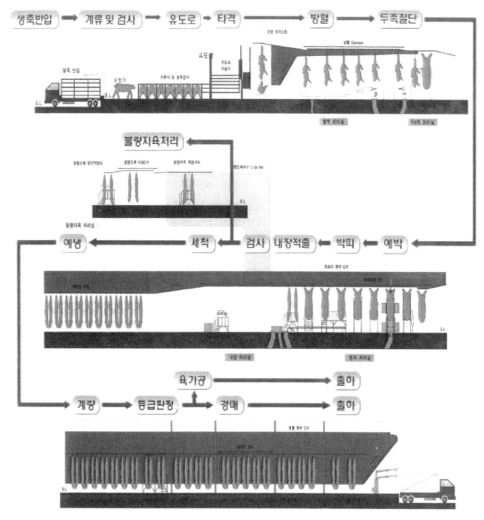

<그림 22> 소의 도축과정("축산유통종합정보센터" 참조)

(1) 생축의 수송

가축의 수송 중 발생하는 스트레스는 이동거리, 온도, 습도, 수송밀도, 운전자의 운전 습관에 따라 다르다. 스트레스를 최소화하기 위해서는 상하차시 가축의 행동습성을 이용하여 수송밀도는 적정하게 유지하여 개체 간의 타박상이 생기지 않게 해주며 절식을 해주는 것이 좋다. 절식의 효과는 도축과정 중 내장적출 시 일어나는 도체오염 및 냉각 감량 감소, 육색과 보수성이 향상된다. 하지만 절식 시간이 길어진다면 DFD육 발생이 높아질 뿐만 아니라 도체수율도 떨어진다. 소의 도축장 위해요소관리기준에서 도축을

MEMO

위한 반입 시 물리적, 생물학적, 화학적 위해요인을 이물질, 잔류물질, 질병 등을 예로 들 수 있다. 또한 「소 및 소고기 이력관리에 관한 법률」 제2장 제4조에 따르면 "소가 출생·폐사하거나 해당 소를 수입·수출, 양도·양수한 경우 그 사실을 농림축산식품부 장관에게 신고하도록 되어 있어 사유 발생 시 위탁기관에 신고를 하거나 농가에서 바로 도축장으로 반입 시 도축검사 신청을 하는 것으로 변경할 수 있다"고 명시되어 있다. 그 외 「가축전염병예방법」 제16조에 의해 가축의 소유자 및 가축운송업자는 가축의 이동 시 검사증명 및 예방접종증명서를 휴대하거나 가축에 표시하도록 하고 있다.

(이상 「축산물위생관리법」 참조)

(2) 계류

도축장에 도착한 소는 이동 중 스트레스를 최소화하기 위해 급수시설이 있는 계류장에서 휴식과 안정을 찾아야 한다. 계류장은 작업소음과 불결한 냄새로부터 격리되어야 하며 다른 동물의 도축과정을 볼 수 없어야 한다. 계류시간이 길어지면 절식으로 인한 스트레스를 받기 때문에 소의 계류시간은 24시간 전후로 하는 것이 좋다. 방혈에 용이하고 육색과 장기적출 작업을 용이하게 하기 위해서 물은 제한 없이 먹을 수 있도록 한다. 동 법령 시행규칙의 영업의 종류별 시설기준(제29조 관련) 공통 시설 기준에 가축의 종류별로 구획하여 개방식으로 설치하되, 가축을 하역할 수 있는 시설과 사람 및 가축의 출입통제가 가능한 출입문이 있어야 하며, 110lux 이상의 조명장치, 급수시설, 안개분무 및 가축의 몸통을 세척할 수 있는 샤워 시설을 갖추도록 되어 있다. 이러한 조건을 바탕으로 종합적으로 가축 1두당 3.3㎡ 이상의 면적으로 총 150㎡ 이상의 면적을 갖추어야 한다고 명시되어 있다. 소 도축장 위해요소관리기준 일반모델에서 계류장의 위해요인 중 생물학적 요인으로 도축 시 장 파열에 의한 오염가능성이 있으므로 계류시간을 6시간 이상으로 권고하고 있다.

(이상 「축산물위생관리법」 참조)

(3) 생체검사

「축산물위생관리법 시행규칙」의 도축하는 가축 및 그 식육의 검사기준(제9조 제3항 관련별 <표 3>)에 검사는 도축장 안의 계류장에서 가축을 일정기간 계류한 후 생체검사

MEMO

장에서 실시하며 대상가축이 도축검사가 신청된 가축인지의 여부를 확인하는데, 검사원이 가축의 개체별로 자세·거동·영양상태·호흡상태 등을 관찰하고 필요한 경우 맥박·체온 측정과 체표면 상태, 안검(眼瞼)·비강·구강·생식기·직장·항문검사를 실시한다. 검사결과 이상이 있는 가축은 격리장에서 계류를 일정시간 시킨 후 재검사를 통해 도축 여부를 결정한다. 동 법령의 시행규칙 영업의 종류별 시설기준(제29조 관련)에 생체검사장은 작업실과 작업실 안은 작업과 검사가 용이하도록 자연채광 또는 인공조명장치를 하고 환기장치를 하여야 한다. 이 경우 밝기는 220lux 이상(검사장소의 경우에는 540lux 이상을 권장한다)이 되어야 하며, 조명장치는 파열 시 식육이 오염되지 아니하도록 보호망 등 안전장치를 하여야 한다. 생체검사장의 넓이는 15㎡ 이상 되어야 한다. 소 도축장 위해요소관리기준 일반모델에서 계류장의 위해요인 중 생물학적 요인으로 병축에 대한 교차오염 가능성을 분석하여 생체검사로 병축을 격리하도록 제시하고 있다.

(이상 「축산물위생관리법」 참조)

(4) 기절

기절은 고통을 최소화하여 작업능률과 육질개선을 촉진하기 위해 도축의 심폐기능을 유지한 상태에서 방혈시켜 스트레스를 적게 받기 위하여 실시한다. 「축산물위생관리법 시행규칙」의 법 제7조 제8항에 별표 1 가축의 도살·처리 및 집유의 기준에 도살은 "타격법, 전격법, 총격법, 자격법 또는 CO_2 가스법을 이용하여야 하며, 방혈 전후 연수 또는 척수를 파괴할 목적으로 철선을 사용하는 경우 스테인리스 철재로서 소독된 것을 사용하여야 한다"고 명시되어 있다. 식품과학기술대사전의 도살의 의미는 가축을 실신시키고 방혈하는 과정을 합하여 도살이라 하고 있다. 타격법(Knocking)은 도끼를 사용하거나 압착공기, 탄약(총격법)으로 탄봉을 돌출시켜 앞이마를 구멍을 뚫는 방법으로 국내에서 소를 도축할 때 주로 사용되고 있다. 전격법(Electrical stunning)은 단자를 귀 하부에 붙여 고전압전류 충격을 주는 방법으로 일반적으로 돼지나 닭에 실시되고 있다. 가스 마취법은 주로 돼지에게 사용되는 것으로, CO_2 농도를 자동 제어하여 실신시키는 방법이다. 가스실 사용의 효과는 아직 연구할 점이 있으나 방혈이 잘 되어 육질은 전살법이랑 비슷한 것으로 알려져 있다. 가스실의 CO_2 농도는 65~75%로 유지하고 15초면 마취상태가 되고 약 3분 정도 마취상태가 지속된다. 가스 마취에 의해 호흡, 혈액 순환은 촉진

MEMO

되어 방혈량이 증가한다. 기절을 확인한 후 철선을 머리의 타격구멍에 집어넣어 등골을 분쇄시킨다.

(이상 「축산물위생관리법」 참조)

(5) 방혈

「축산물위생관리법 시행규칙」의 법 제7조 제8항에 별표 1 가축의 도살·처리 및 집유의 기준 내 방혈법에는 "목동맥을 절단하여 실시하며 목동맥 절단 시에는 식도 및 기관이 손상되어서는 안 되고 방혈 시에는 뒷다리를 매달아 방혈함을 원칙으로 한다"고 명시되어 있다. 충격 및 방혈작업의 가장 중요한 점은 충격으로 실신시킨 후 신속히 방혈하는 것이 가장 중요하다. 출혈을 통하여 죽게 하는 것을 기본으로 충격으로 인한 가사상태에 신속하게 경동맥을 절개하여야 하는데, 실신 후 곧바로 방혈하여야 방혈 상태가 좋아져 육질을 향상시키는 결과를 좌우하기 때문에 매우 중요한 공정이다. 반면 방혈 시간이 길어지게 되면 의식의 회복이 이루어져 근육의 경련 및 혈압상승이 일어나게 되고 이에 따른 여러 가지 현상이 발생하여 이상육과 혈반육 등이 발생할 수 있는 요인이 된다. 타격에 의한 실신 이후 즉시 자연스러운 자세로 한쪽 다리에 족쇄를 걸어 방혈컨베이어로 매달아 올려 잘 소독된 칼로 경추 45도 각도로 가슴과 인후 사이를 절개하면서 경부의 동맥과 정맥을 절단하고 방혈작업을 한다. 충격 및 방혈작업 시 소가 작업장 바닥에 접촉되지 않게끔 보정장치 또는 방혈작업대를 설치해야 한다. 소 도축장 위해요소 관리기준 일반모델에서 타격 및 방혈의 위해요인 중 생물학적 요인인 병원체의 감염이 지정되어 있어 방혈 칼의 교차오염을 방지하기 위해 칼 소독조의 물 온도를 80℃로 유지하도록 제시하고 있다. 「축산물위생관리법 시행규칙」 영업의 종류별 시설기준(제29조 관련)에 따라 소 도축업의 "도살실에는 소가 매달린 상태에서 충분히 방혈(放血)될 수 있는 설비가 있어야 하고, 피를 동물의 사료 또는 퇴비로 사용하는 경우에는 스팀처리시설의 설치를 권장하며, 피를 식용에 제공하거나 식품·의약품의 원료로 사용하려는 경우에는 위생적으로 처리할 수 있는 별도의 설비를 마련하여야 한다. 이 경우 그 설비는 이물 등의 오염을 방지하고 공기의 접촉을 최소화하여 피를 채취할 수 있는 장비로 설치할 것을 권장한다"고 명시되어 있다.

(이상 「축산물위생관리법」 참조)

MEMO

(6) 머리 절단

「축산물위생관리법 시행규칙」의 법 제7조 제8항에 별표 1 가축의 도살·처리 및 집유의 기준 내 도체처리방법에 있어서 소머리는 "뒷머리 뼈와 제1 목뼈 사이를 절단하고 머리 부위에는 하악림프절, 인두후림프절 및 귀밑림프절을 부착시키도록 하고 있다"고 명시되어 있다. 손, 팔 및 앞치마는 세정하고, 작업 칼은 살균기에 집어넣은 후 소머리를 매달기 위하여 살균·소독시킨 전용 훅을 준비한다. 이후, 머리부위는 이송 전용 슈트에 매달아 수의검사관의 검사를 거친 후 부산물 처리장으로 이동시킨다. 소 도축장 위해요소관리기준 일반모델에서 머리 절단의 위해요인 중 생물학적 요인인 병원체의 감염이 지정되어 있어 식도절개 시 교차오염 및 예비 박피칼의 교차오염을 방지하기 위해 칼 소독조의 물 온도를 80℃로 유지하도록 제시하고 있다.

(이상 「축산물위생관리법」 참조)

(7) 다리 제거

「축산물위생관리법 시행규칙」의 법 제7조 제8항에 별표 1 가축의 도살·처리 및 집유의 기준 내 도체처리방법에 있어서 "앞다리는 앞발목뼈와 앞발허리뼈 사이를 절단한다. 다만, 탕박(뜨거운 물에 담근 후 털을 뽑는 방식을 말한다. 이하 같다)을 하는 돼지의 경우에는 절단하지 않아도 되고 뒷다리는 뒷발목뼈와 뒷발허리뼈 사이를 절단한다"고 명시되어 있다. 소 도축장 위해요소관리기준 일반모델에서 머리 절단의 위해요인과 마찬가지로 생물학적 요인인 병원체의 감염이 지정되어 있어 피부절개 시 오염을 방지하기 위해 칼은 80℃의 물로 소독하도록 제시하고 있다.

(이상 「축산물위생관리법」 참조)

(8) 예비 박피

「축산물위생관리법 시행규칙」의 법 제7조 제8항에 별표 1 가축의 도살·처리 및 집유 기준의 도체처리방법에 있어서 "껍질과 털은 해당 가축의 특성에 맞게 벗기거나 뽑는 등 위생적으로 제거하여야 한다. 이때 배 쪽의 정중앙선에 따라 절개를 시작하는데 절개 시에 음경, 고환 및 유방(새끼를 낳은 소만 해당한다)을 제거한다"고 명시되어 있다. 다리를 제거하는 경우 예비 박피를 하며 오염 정도가 심한 경우 상호 교차오염에 주의하

MEMO

며 진행한다. 다리 제거 이후 대퇴부 및 하복부, 둔부와 꼬리의 박피를 진행하고 항문 주변을 절개한다. 마지막으로 흉부 박피를 하여 예비 박피를 완료한다. 소 도축장 위해 요소관리기준 일반모델에서 다리 제거의 위해요인과 마찬가지로 생물학적 요인인 병원 체의 감염이 지정되어 있어 피부절개 시 오염을 방지할 수 있도록 칼은 80℃의 물로 소독하도록 제시하고 있다. 칼 대신 기계를 사용한 예비 박피의 장점은 일정한 가죽의 두 께를 유지하고 작업 속도와 능률을 높일 수 있는 점이 있다.

(이상 「축산물위생관리법」 참조)

(9) 기계 박피

기계를 이용한 박피는 하복부 및 퇴골 주위의 원피를 드럼의 체인이 휘감으면서 진행한다. 드럼을 감는 동시에 여분의 지방이 가죽에 묻지 않도록 속도를 조절하고, 박피기 또는 작업 칼을 이용하여 진피조직과 체조직 사이를 원활히 분리한다. 이 공정에서는 박피되지 않은 부분이 없도록 전부 박피한다. 드럼 바로 아래에 있는 원피의 반송용 투입구 위에서 드럼을 반전시키고 휘감겨진 체인이 자동으로 풀려 원피는 외부로 반송된다. 이처럼 기계를 사용하여 박피하는 경우에는 위생적인 처리가 가능하고 인력 절감의 효과도 있다. 소 도축장 위해요소관리기준 일반모델에서 위해요인으로 생물학적 요인인 병원체의 감염을 지정하여 박피기의 지육오염 가능과 보조 절단칼의 80℃ 소독으로 제시하고 있다. 「축산물위생관리법 시행규칙」 영업의 종류별 시설기준(제29조 관련)에 따라 "작업라인에는 일정 간격으로 83℃ 이상의 온수가 나오는 설비를 하여 해체작업과 검사에 사용되는 칼을 소독하여야 한다."

(이상 「축산물위생관리법」 참조)

(10) 백내장 적출

서클체인에 걸려 있는 도체는 복부를 따라 위에서부터 아래로 절개한다. 직장을 꺼내서 아래로 잡아당기고 소장, 대장을 꺼내면서 동시에 계속 아래로 잡아당겨 제1위~제4위까지 나오게 한다. 십이지장을 고정시키고 장 내용물을 분리한 다음 장과 위를 분리하여 이송컨베이어에 놓는다. 백내장 적출 시 주의할 사항은 위나 장의 손상으로 인하여 장기의 내용물이 도체를 오염시키지 않도록 해야 하는 점이다. 소 도축장 위해요소관리기준

MEMO

일반모델에서 위해요인으로 생물학적 요인인 병원체의 감염을 지정하여 위장관 또는 내장의 유연한 절단 시 지육의 오염가능을 염두에 두어 별도의 세척처리를 제시하고 있다.

(이상「축산물위생관리법」참조)

(11) 적내장 적출

복부 측에 손을 넣어 살균 소독된 작업 칼로 횡경막에 상처가 나지 않도록 간과 창자를 분리하여 적내장을 컨베이어훅에 매달고 폐와 기관지, 심장, 신장의 지방을 왼손으로 들어 올리고 작업 칼을 요추를 따라 흉추를 향하여 절단 및 분리하여 컨베이어훅에 매달아 내장검사를 받는다. 위해요소관리기준 일반모델은 백내장의 경우와 동일하다.

(이상「축산물위생관리법」참조)

(12) 내장 검사

「축산물위생관리법 시행규칙」영업의 종류별 시설기준(제29조 관련)에 소 도축업의 "작업실에는 도체를 매다는 라인별로 지육검사대와 내장검사대가 있어야 하며, 검사대는 2명 이상이 동시에 서서 검사하기에 편리한 크기로 하되, 지육과 내장을 검사할 수 있는 위치에 있거나 검사자가 검사위치를 자동으로 조작할 수 있는 구조로 설치하여야 한다"고 명시되어 있다. 백내장은 반송컨베이어 위에서, 적내장은 걸어둔 상태에서 검사하며 같은 소의 적내장, 백내장 및 도체(지육)를 같이 검사한다. 동 법령 시행규칙의 도축하는 가축 및 식육의 검사기준(제9조 제3항 관련 별표 3)에 "소는 내외교근은 하악과 병행하여 절개하여 검사하고 간장은 담관 및 우엽·좌엽을 가로로 절개하여 검사하도록 하며 신경은 지방을 분리한 후 검사하고 자궁은 절개하여 검사, 심장·심낭은 양 심실을 동맥에 따라 절개하여 검사하도록 하고 있다"고 명시되어 있다.

(이상「축산물위생관리법」참조)

(13) 배할(2분체)

「축산물위생관리법 시행규칙」의 법 제7조 제8항에 별표 1 가축의 도살·처리 및 집유의 기준 중 처리방법의 "도체는 2등분으로 절단할 경우에는 엉덩이사이뼈, 허리뼈, 등뼈 및 목뼈를 좌우 평등하게 절단하여야 한다. 이 경우 소의 도체는 제1허리뼈와 최후등뼈

MEMO

사이가 일부 절단되도록 하여야 한다. 도체를 4등분으로 절단할 경우에는 제1허리뼈와 최후등뼈(제13등뼈) 사이를 절단하여야 한다. 도체의 절단은 전기톱을 이용하여 위생적으로 하여야 한다"고 명시되어 있다. 동 법령 시행규칙 영업의 종류별 시설기준(제29조 관련)에는 "작업실은 도체를 절단하는 전기톱과 지육 세척 장치를 갖추고 있어야 하며, 지육을 최종적으로 세척하는 장치는 물 사용을 최소화할 수 있도록 증기세척 방식을 권장한다"고 명시되어 있다. 소 도축장 위해요소관리기준 일반모델에서 위해요인으로 생물학적 요인인 병원체의 감염과 물리적 요인인 뼈와 털을 지정하고 있어 뼈와 털의 지육 오염 가능과 배할 시 톱과 톱밥에 의한 미생물오염을 위험요소로 제시하고 있다. 배할 톱은 80℃ 이상의 물로 소독해야 하고, 배할 시 우측도체에 꼬리가 부착되어 있도록 하며 톱밥과 톱날용 냉각수가 주위에 튀지 않도록 설비되어야 한다.

(이상 「축산물위생관리법」 참조)

(14) 지육검사

가축에 의해 사람에게 전염될 수 있는 인축공통전염병이 무려 200여 종에 달하기 때문에 도축장에서 처리되는 도축물은 반드시 검사원을 통한 검사에서 합격하여야 식육으로써 시중에 유통될 수 있다. 지육의 검사는 수의 검사관에 의해 지육과 내장을 동시에 실시한다. 「축산물위생관리법 시행규칙」 도축하는 가축 및 그 식육의 검사기준(제9조 제3항 관련 별표 3)에 따르면 "포유류의 지육은 화농성 병변, 관절염, 복막염, 흉막염, 창상, 좌상, 오염, 결핵, 방선균증, 피부병변(농양, 구진, 농포) 등의 검사로 병변 발견 시 관련 부위의 폐기를 하며 결핵의 경우 실험실 검사를 실시하여 감염이 확인되면 지육 전체 폐기를 한다. 이 실험실 검사는 식육의 검사결과 정밀검사가 필요하다고 인정되는 경우에 실시하는데 병리·조직학적 검사를 실시하여 질병 감염 여부를 확인한다"고 명시되어 있다. 농림축산검역본부고시(제2013년 3호) 도축하는 가축 및 그 식육의 세부검사기준에 "지육은 외관을 관찰하고 지육 바깥면의 장골밑 림프절과 얕은목 림프절을 절개하고 지육 안쪽면의 얕은샅림프절, 내측장골 림프절, 허리 림프절을 절개하여 검사하며 척추를 관찰한다고 되어 있다. 검사관은 그 결과를 축산물안전관리시스템에 입력한다"고 명시되어 있다.

(이상 「축산물위생관리법」 참조)

MEMO

(15) 정형 및 세척

전 공정 작업에 의해 생긴 상처 부분과 박피 부분에 오염 여부를 체크하고 오염이 되어 있다면 오염 부위를 위에서 아래로 분리하여 제거한다. 척추와 도체내측의 혈액과 적출되지 못한 장기를 제거하고 최종적으로 고압살수 도체 세정기를 지나가면서 철저한 지육의 세척작업을 실시한다. 세척수의 수질은 음용수로 적합한 기준을 적용하며 분사식 세척의 경우 32~38℃ 온도와 50~300psi의 압력으로 위에서 아래로 세척한다. 도축과정에서 불가피하게 오염된 미생물을 최소화하기 위하여 유기산, 염소수, 또는 열수를 순간고압으로 분무하여 증균 억제나 살균 효과를 볼 수 있다.

(이상 「축산물위생관리법」 참조)

(16) 도체중 측정 및 예냉

작업장별로 측정방식을 다르게 하고 있으나 대부분 도축 후 온도체 상태로 도체중을 측정한다. 또는 일정감량을 하거나 예냉 후 측정을 하는 작업장도 있다. 2011년 축산물품질평가원 조사결과에 따르면 냉도체중을 사용하는 작업장은 2.9%, 감량을 적용하는 작업장은 27.1%, 온도체중을 적용하는 작업장은 70%로 조사되었다. 「축산물위생관리법」 세부기준의 냉동·냉장실 기준은 "$3.3m^2$당 4두 기준으로 $41.25m^2$ 이상을 요구하고 있으며 우지육 4두를 초과할 수 없는 면적으로 하되, 냉장을 하는 경우에는 입고 후 냉장실 내부온도가 10℃ 이하가 되는 성능이어야 한다. 또한 바닥에서 지육까지 10cm 이상의 간격을 둘 것을 권장하며 냉장·냉동실 벽면의 재질은 내수성·무독성 재료로 시공되어야 한다. 지육의 온도를 급격하게 낮출 수 있도록 급냉시설의 설치를 권장하며, 냉장·냉동실은 온도조절이 가능하도록 시공하되, 문을 열지 않아도 온도를 알아볼 수 있는 온도계와 온도의 변화를 실시간으로 기록할 수 있는 장치를 외부에 설치하여야 하며, 냉장·냉동실 안의 현수시설은 도체가 서로 닿지 않는 간격으로 설치하여야 한다고 규정하고 있다"고 명시되어 있다. 소 도축장 위해요소관리기준 일반모델에서 위해요인으로 생물학적 요인인 병원체와 화학적 요인인 윤활유를 지정되어 있으며, 냉장실 온도는 0~2℃, 지육표면온도(대퇴부)는 4.5℃/24시간 이내 보관해야 하며, 주 1회 미생물검사를 실시하도록 한다.

(이상 「축산물위생관리법」 참조)

MEMO

(17) 등급판정

「축산법」 제35조 축산물의 등급판정에는 "농림축산식품부장관은 축산물의 품질을 높이고 유통을 원활하게 하며 가축 개량을 촉진하기 위하여 농림축산식품부령으로 정하는 축산물에 대하여는 그 품질에 관한 등급을 판정(이하 "등급판정"이라 한다)받을 수 있다." 제1항에 따른 "등급판정을 받은 축산물 중 농림축산식품부령으로 정하는 축산물에 대하여는 그 거래 지역 및 시행 시기 등을 정하여 고시하여야 한다." 제3항에 따라 "거래 지역으로 고시된 지역(이하 "고시지역"이라 한다) 안에서 「농수산물유통 및 가격안정에 관한 법률」 제22조에 따른 농수산물도매시장의 축산부류도매시장법인(이하 "도매시장법인"이라 한다) 또는 같은 법 제43조에 따른 축산물공판장(이하 "공판장"이라 한다)을 개설한 자는 등급판정을 받지 아니한 축산물을 상장하여서는 아니 된다." "고시지역 안에서 「축산물위생관리법」 제2조, 제11호에 따른 도축장(이하 "도축장"이라 한다)을 경영하는 자는 그 도축장에서 처리한 축산물로서 등급판정을 받지 아니한 축산물을 반출을 금지한다. 다만, 학술연구용·자가소비용 등 농림축산식품부령으로 정하는 축산물은 그러하지 아니하다"라고 규정되어 있다. 등급판정은 도축 및 예냉을 거쳐 심부온도가 5℃ 이하로 된 2등분 소도체의 왼쪽 반도체 마지막 등뼈와(흉추) 제1허리뼈(요추) 사이를 절개하여 등심 쪽 절개면으로 한다. 등지방두께와 배최장근단면적, 그리고 도체중량(kg)을 측정한다. 회귀방적식으로 육량지수를 산출하여 육량을 결정하고 절개된 배최장근의 근내지방도는 근내지방표준에 의해 수치화되어 등급화된다. 그리고 육색과 지방색, 조직감, 성숙도를 고려하여 최종 육질 등급을 결정한다. 그 결과는 좌·우도체에 표시하고 축산물등급판정확인서를 개체별 발행하며 소 및 소고기 이력에 관한 법률에 의거 등급판정결과를 전자적 처리하여야 한다. 우리나라 소고기 등급의 표시는 선 육질 후 육량(예: 1A)으로 하고 있다.

(이상 「축산물위생관리법」 참조)

(18) 경매 및 출고

축산법 축산물의 등급판정(제35조)에 등급거래가 의무화됨에 따라 도매시장 및 공판장에서 상장되는 축산물은 등급판정을 받은 지육이나 부분육이어야 하며 「농수산물 유통 및 가격안정에 관한 법률」 제33조 "경매 또는 입찰의 방법에 의거 도매시장법인은 도매시장에 상장한 농수산물을 수탁된 순위에 따라 경매 또는 입찰의 방법으로 판매하는 경우에는 최고가격 제시자에게 판매하여야 한다." 축산물품질평가원의 조사결과 2011년

MEMO

5월 현재 우리나라에는 12개의 도매시장 및 공판장이 개설되어 운영되고 있다. 경매된 지육은 판매장, 가공장 등으로 출고되는데 출고는 「축산물위생관리법 시행규칙」 영업의 종류별 시설기준(제20조)의 "축산물운반업 운반시설로 냉동 또는 냉장시설을 갖춘 적재고가 설치된 운반차량(「자동차관리법」에 따라 등록된 차량을 말한다. 이하 같다) 또는 선박이 있어야 하고 냉동 또는 냉장시설로 된 적재고의 내부는 축산물의 가공기준 및 성분규격 중 축산물의 보존 및 유통기준에 적합한 온도를 유지하여야 하며, 문을 열지 아니하고도 내부의 온도를 알 수 있도록 외부에 온도계를 설치하여야 하며, 적재고는 혈액·오수 등이 누출되지 아니하고 냄새를 방지할 수 있는 구조이어야 한다. 도축장에서 지육을 운반하는 냉장차량의 경우 지육을 매달 수 있는 설비를 하여야 한다고 규정되어 있다."

(이상 「축산물위생관리법」 참조)

(19) 부분육의 분할, 발골, 정형

지육은 도살 및 해체 작업을 마친 도체를 말한다. 지육은 고기와 지방 그리고 뼈로 구성되어 있다. 냉도체율 또는 지육률은 생체 중 대비 냉각이 끝난 냉도체중 × 100으로 계산한다. 돼지의 경우, 68~78% 정도가 정상적인 지육률이고 박피도체와 탕박도체에서 차이가 많이 난다. 소의 경우 생체중 520kg에서 62% 정도 육우 평균 지육률을 가지며 개체, 품종 차이가 많이 난다. 냉각 또는 숙성이 끝난 지육은 유통단계에서 용도에 따라 부위별로 분할, 발골, 정형하게 된다. 지육은 먼저 대분할육으로 절단하고 이어서 작은 부위별로 세분하는 소분할육으로 절단하여 부분육 상품으로 만든다. 부분육은 각 부위를 이루고 있는 근섬유의 구성, 지방조직 함량, 결합조직 함량 등에 의해 육질의 차이를 보인다. 이 육질의 차이 때문에 요리의 형태도 달라지며 최종적으로 소비자는 요리 용도에 맞는 부분육을 구매하게 된다. 그렇기 때문에 각 부분육은 품질의 특성상 소매거래에서 공정성을 가져야 하며, 객관적인 공정성을 위해서는 부분육의 규격화가 필요하다. 부분육의 규격화는 한 나라 또는 한 지역의 요리형태나 소비자의 기호성에 부합하여 보다 높은 지육의 부가가치를 창출할 수 있는 지육절단규격을 의미한다. 부분육이 규격화가 되어 있지 않은 시장, 즉 각 부분육의 명칭이나 분할 방법 또는 정형요령 등이 모두 다르다면 식육의 유통은 매우 혼란스러울 뿐만 아니라 소비자의 신뢰도 얻을 수 없으며, 동일 시장이라고 할 수도 없을 것이다. 적어도 한 국가 내에서는 하나로 통일된 기준으로서 부분육의 규격화가 필요하다. 우리나라의 경우도 돼지와 소의 대분할 및 소

MEMO

분할 부분육의 명칭과 분할, 정형요령이 농림부령으로 고시하고 있다.

(이상 「축산물위생관리법」 참조)

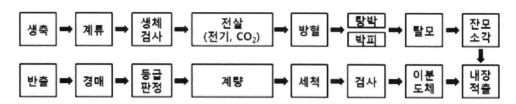

<그림 23> 돼지 도축공정("축산유통종합정보센터")

· 돼지 도축공정은 박피와 탕박으로 나누어지며, 전살 후 방혈까지는 동일하다.
· 박피는 박피기를 이용해 돼지 표피를 제거하는 것을 말하고, 탕박의 경우 탕박조(6
0℃)에 5~6분 담가진 뒤 탈모기에 의해 털 제거한다.

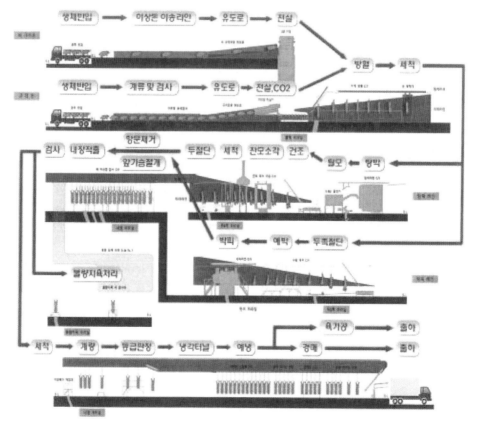

<그림 24> 돼지 도축공정("축산유통종합정보센터")

MEMO

3) 도축 전후 취급과정에서 발생할 수 있는 이상육

(1) PSE육의 발생

PSE(Pale, Soft, Exudative)육은 육색이 창백하고(Pale), 조직이 물컹물컹하여 탄성이 없으며(Soft), 다량의 육즙 삼출(Exudative)이 발생한 비정상육을 말하며, 가금류나 돼지에서 상대적으로 많이 발생한다. PSE육의 발생은 계절적인 특성도 있는데 특히 여름철에 발생빈도가 상대적으로 높다. 돼지 중에서 할로테인(Halothane)에 양성반응을 보이는 개체가 보유한 스트레스 유전자를 PSS(Porcine stress syndrome)인자라 하는데, PSS인자를 보유한 돼지는 스트레스에 민감하기 때문에 스트레스를 많이 받았을 때 호흡이 빨라지고 체온이 빠르게 상승하며 근육이 경직되므로 PSE육이 발생될 가능성이 상대적으로 높아진다. PSE육이 발생하는 이유는 스트레스를 받은 가축을 계류를 시행하지 않고 그대로 도축하여 고기 내에 존재하는 탄수화물(글리코겐)이 해당작용을 통해 젖산을 생성하여 축적되므로 pH의 저하가 가속화되고 이로 인해 빠른 사후강직이 정상고기에 비해 빠르게 진행된다. 이런 경우 사후 1~2시간 이내에 pH가 5.4~5.5까지 급격히 저하되므로 근육 내 단백질의 변성이 일어나며 육색이 창백해지고, 보수성(수분을 보유하려는 성질/힘)이 감소하는 현상이 발생한다.

(2) PSE육의 예방

PSE육의 발생을 방지하기 위해서는 여러 가지 원인을 해결해야 한다. 돼지는 체온조절 기능과 낮고 변화되는 기후에 대한 적응력이 약하기 때문에 환경 생리 면에서 돈육의 생산성을 증대시키고 PSE육을 방지하기 위해서는 도축 전 동물이 스트레스를 받지 않도록 취급에 주의해야 하며, 만약 동물이 스트레스를 받았을 경우 계류를 통해 스트레스를 해소할 수 있도록 안정시키는 것이 중요하다. 그리고 생돈 및 지육의 냉각과 여름철 방서 및 겨울철의 방한 대책이 요구된다. 농장에서 가축을 출하할 때 가능한 스트레스를 받지 않도록 가축을 때리거나 함부로 다루지 않아야 하며, 가축을 이동시킬 트럭에는 가축이 미끄러지지 않도록 깔짚 등을 바닥에 준비해야 하며, 밀집되지 않게 상차하고, 이동 간에는 가급적 급출발 급제동을 하지 않아야 한다.

MEMO

① 수송과 계류

돼지를 도축장으로 수송한 후 반드시 돼지가 휴식할 수 있는 계류 시간을 주어야 한다. 수송 중에 돼지가 스트레스를 받거나 폐사하는 중요한 요인의 하나는 온도이며, 특히 기온이 10℃보다 높은 경우 폐사율을 증가하는데 그 주요한 요인은 과밀, 한낮의 하역작업 그리고 장거리 수송이다. 여름에 돼지를 수송할 때에는 기온이 높은 한낮의 시간대를 피하고 서늘하고 조용한 새벽 시간이 좋으며, 같은 우리에서 자란 개체들과 같이 수송될 수 있도록 트럭에 배치하는 것이 바람직하다. 장거리 수송을 피하기 위하여 가급적 가까운 거리에 있는 도축장을 선택하는 것이 바람직하며, 장거리 수송일 경우 수송시간을 고려하여 약 11~15시간 정도 계류시켜주는 것이 바람직하다. 그리고 돼지를 출하시키기 전에 마그네슘이나 황산마그네슘 또는 큐라리(Curare)를 주사하여 당(글리코겐)의 분해 속도를 지연시킴으로써 PSE육의 발생률을 감소시킬 수도 있다.

<표 4> 계류시간별 PSE 돈육 발생률(%)

구분		1시간 미만	1~6시간	6~15시간	15시간 이상	전체(%)
정상돈육		34.6	25.6	55.4	60.7	40.8
PSE 돈육	중증	13.9	18.3	4.1	4.5	11.7
	경증	51.5	56.1	40.5	34.8	47.5
	소계	65.4	74.4	44.6	39.3	59.2

(대한한돈협회)

② 생돈 및 지육의 냉각

무더운 여름철 PSE육의 발생률을 감소시키기 위해 도살 직전에 냉각수조나 샤워 등을 통하여 돼지를 냉각 수세한 다음, 신속하게 도축하여 냉각해야 한다. 생돈과 지육의 신속한 냉각처리는 PSE육의 발생을 방지할 뿐 아니라 육질을 개선하는 데 효과적이며, 또한 미생물 성장을 억제하여 돈육의 유통기한을 증가시킬 수 있다. 도축 후 지육은 이분도체로 분할하여 도체의 중심부 온도가 20여 시간 후 5℃가 되도록 냉각 저장하여야 한다. 그리고 지육 및 육류는 반드시 냉장차에 현수하여 유통되어야 한다.

MEMO

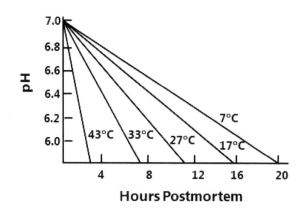

<그림 25> 사후 도체 온도와 pH 감소(『Principles of meat science』 참조)

③ 스트레스 감수성 돼지(Porcine stress syndrome, PSS)의 예지법

PSE육의 발생은 특정한 품종의 돼지에서 편중되어 일어나며, PSE육의 특성이 어느 정도 유전과 관련이 있다는 사실이 밝혀졌다. 스트레스에 민감한 돼지에서는 스트레스 또는 할로탄과 같은 마취약 등에 의해 비정상적 대사를 나타내는 일종의 근질환, 즉 PSS 또는 악성고열증(Malignant hyperthermia syndrome, MHS)과 높은 연관성이 있는 것으로 알려져 있다. 따라서 돼지의 스트레스 감수성 여부를 확인하기 위하여 할로탄 검정과 생돈의 혈청 효소인 Creatine phosphokinase(CPK) 활성 측정을 이용한다. 돼지의 혈액을 채취하여 혈청 중 CPK 활성이 400unit/mL 이상일 경우 PSS로 판정하고 도태시킴으로써 PSE육의 발생을 방지할 수 있다.

④ 스트레스 감수성 돼지의 외관적 증상

· 스트레스에 과민하여 매우 신경질적으로 반응한다.

· 피부 표면에 붉은 반점이 나타나 있고 피부가 팽팽하다.

· 스트레스를 받았을 때 엉덩이와 꼬리에 경련이 일어나며, 심한 개체의 경우 안정 시에도 귀 끝이나 꼬리가 떨린다.

· 다리가 약하여 거동이 곤란하고 절름거린다.

· 스트레스를 가했을 때 호흡과 맥박수가 빨라지고 직장 온도가 41℃ 이상 상승한다. 따라서 위와 같은 증상이 나타나는 돼지의 지속적인 진단과 도태를 통해서 PSE육의 발생을 방지 및 감소시킬 수 있다.

(이상 『식육·육제품의 과학과 기술』, 『식육과 육제품의 과학』 참조)

MEMO

<표 5> PSE육 발생에 영향을 미치는 도축 전 요인

처리	효과
흥분과 가벼운 운동	증가
강도 높은 운동	감소
작업장 온도 변화	증가
고온에 노출	증가
Ephinephrine 주입	증가
Thyroxine 주입	증가
냉수조	감소
Curare 주입	감소
$MgSO_4$ 주입	감소

(3) DFD육의 발생

DFD(Dark, Firm, Dry)육은 육색이 지나치게 어둡고(Dark) 고기가 단단하며(Firm) 건조한(Dry) 비정상 고기를 말하며 돼지보다 소, 특히 수컷에서 자주 발생한다. DFD육은 여름철에 자주 발생하며, PSE육과 달리 가축이 장시간 스트레스로 인하여 근육 내에 존재하는 탄수화물(글리코겐)이 거의 고갈된 상태에서 도축될 경우 발생한다. 오랜 스트레스로 인하여 글리코겐이 고갈되면 해당작용이 거의 일어나지 않기 때문에 고기의 pH는 높게 유지된다. 그 결과 고기의 색을 좌우하는 육색소(Myoglobin)는 산소결합력이 낮아져 암적색을 지니게 된다. 고기의 최종 pH가 6.0~6.5 이상(정상육 5.6 내외)이 되어 보수력이 높아질 수도 있으나 고기 표면이 건조해질 뿐만 아니라 세균의 번식이 용이한 pH에 가까워져 세균오염 가능성이 높아진다.

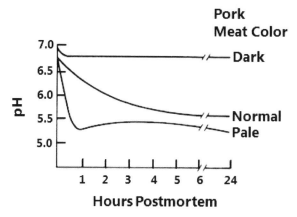

<그림 26> 도축 후 정상육과 비정상육의 pH 변화(『Principles of meat science』 참조)

MEMO

(4) DFD육의 예방

DFD를 예방하는 방법 또한 PSE육과 마찬가지로 가축의 장거리 수송에서 받는 스트레스를 줄이기 위해서 주의를 기울여야 한다. 그러므로 가축을 출하할 때 발생하는 농장 내 이동, 승차, 밀집농도, 도로이동 또는 하차 시에 가축이 스트레스를 받지 않도록 최대한 주의해야 한다. 또한 운송에 의한 피로를 회복할 수 있는 안정과 휴식을 위해 충분한 계류와 자유급수를 실시하며, 필요에 따라서는 분무샤워를 실시하는 것이 가축의 스트레스를 해소하는 데 도움을 주며, DFD육과 같은 비정상육의 발생을 줄일 수 있다. 그리고 도축 후에는 반드시 예냉을 실시하여야 한다.

(이상 『식육과학』, 『식육과 육제품의 과학』 참조)

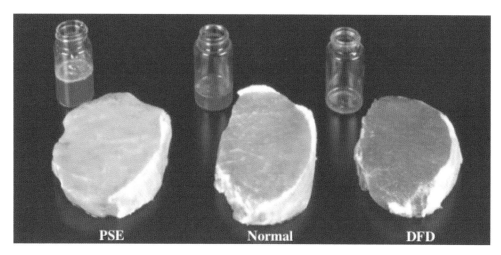

<그림 27> 정상육, PSE육의 외관비교(Larebeliondeloscorderos)

(5) 근출혈육의 발생

근출혈의 발생은 높은 혈압으로 인해 모세혈관이 파괴되어 근육 내에 혈액이 축적되어 발생하며, 방혈 시에 혈액이 체외로 완전히 배출되지 못하고 근육 내에 남아 고기에 암적색의 혈점을 나타내는 현상을 말한다. 근출혈이 발생하는 이유 또한 PSE와 DFD육의 발생과 마찬가지로 운송 스트레스, 도축 전 취급 스트레스, 가축 간의 싸움 또는 가축을 때리는 행위와 잘못된 취급으로 인한 스트레스 등에 의해 일어난다. 지방에 이러한 근출혈이 일어났을 경우 불이 났다는 의미의 'Fiery fat'이라고 부르기도 한다. 근출혈을

MEMO

예방하는 방법은 도축 전 스트레스를 줄이는 것이다.

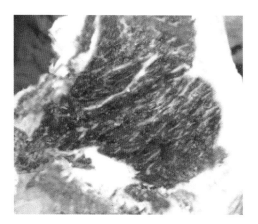

<그림 28> 근출혈(「축산신문」)

(6) 근출혈 예방

이러한 근출혈을 예방하기 위하여 스트레스를 최소화하여야 하는데, PSE육이나 DFD 육을 예방하는 것과 마찬가지로 가축 수송 시 가축이 스트레스를 받지 않도록 주의를 기울여야 한다. 출하시 마지막 단계에서 불안정한 상태가 되면 육질이 떨어지고 근출혈이 발생할 수 있는데, 가축을 핸들링 하는 데 있어서 때리는 행위를 피하여야 하며, 출하예 약제를 이용하여 차상 대기시간을 단축하여 가축이 받는 스트레스를 줄여 근출혈 발생을 예방할 수 있다. 근출혈을 예방하기 위하여 "농협중앙회"에서는 사육단계, 출하 및 운송 단계, 계류·도축단계로 나누어 다음과 같은 예방법을 제시하였다. 농협중앙회에서 제시한 근출혈 예방법은 PSE육과 DFD육 발생을 억제시키는 예방법으로 활용이 가능하다.

(6-1) 사육단계
① 육성기 양질 조사료 급여

육성기에 사료급여프로그램을 준수하며 양질의 조사료를 충분히 급여해야 한다. 농후 사료의 과다 급여는 출하 시 근출혈 발생비율이 높으므로 체중대비 1.5~1.7%의 농후사료를 급여하는 게 좋다. 사료급여는 1일 2~3회 급여하고, 가루 사료를 급여하면 소화율이 좋아진다.

MEMO

② 스트레스 방지

비육 중기 이후 후기까지 대사성 질병 발생에 주의해야 한다. 우사별 밀식 사육을 금지하고 마리당 7~10㎡의 공간을 확보해주는 게 좋다. 뿔은 미리 없애면 싸움도 덜하고 상처도 덜 입어 스트레스를 감소시킬 수 있다. 또한 도체 크기별로 분리해 키우는 것도 스트레스 방지에 좋다.

③ 우사 환경 및 온도관리

평사 시 우사 바닥을 건조한 상태로 유지해야 한다. 근출혈은 추위로 혈액순환이 잘 안 되는 겨울철에 많이 발생하므로 혹한기 방안대책을 수립해 저온 스트레스를 최소화시켜야 한다. 겨울철 급격한 온도 차이는 혈관 탄력성을 감소시켜 모세혈관 문제를 발생시킬 가능성이 높아진다.

④ 장기 비육 거세우 비육후기 사양관리 주의

거세와 장기비육에 의한 요석증 등 발생에 주의해야 한다. 요석증이 많을 때는 염화암모늄을 먹여 예방한다. 배합사료는 자유 급여하되 적정량의 조사료, 전체 사료량의 약 10%를 급여하고 출하 직전 12시간 정도는 절식하고 충분한 음용수를 급수한 상태에서 출하한다.

(6-2) 출하 및 운송단계
① 가축수송 전용차량을 통한 스트레스 최소화

가축 수송 시 경험이 많은 전문기사에 의한 전용차량을 이용함으로써 스트레스를 최소화시켜줘야 한다. 이때 전용차량은 적재함 바닥이나 벽은 1.8m 높이를 유지해주고 미끄럽지 않고 틈새가 잘 막혀 있으며 청소와 소독이 용이해야 한다.

② 가축 상차 시 농가와 수송기사 인도적인 취급

가축을 상차할 때 자연스럽게 걸어 올라갈 수 있도록 조치하고 절대 물리적 자극을 사용하거나 강제로 몰아넣는 행위는 금지해야 한다. 700㎏ 이상의 성우는 마리당 2㎡의 면적이 필요하며 과밀, 과소 적재는 금지하되 5톤 장축 수송 트럭의 경우 6~8마리가 적당하다. 또한 체중과 성별이 다른 소는 칸막이를 이용해 구분 적재하는 것이 좋다.

MEMO

③ 스트레스 방지를 위한 안전운행 필수

차량 운행 시 출발 10㎞까지 저속운행으로 소들이 승차 적응시간을 갖도록 하며 지나친 과속주행과 급발진, 급제동 및 급커브 등을 주의하며 운전해야 한다. 수송 시 천막 등을 이용해 외부 노출을 막아 스트레스를 최소화하고 혹서기에는 한낮 운행을 피하고 서늘한 저녁 또는 새벽시간에 수송하는 게 좋다. 출하가 집중되는 명절 출하 시에는 장시간 차상에서 대기해야 하므로 충분한 물 공급이 이뤄져야 한다.

(6-3) 계류 및 도축단계
① 계류장 환경

가급적 개별 케이지에서 계류를 실시하고 계류장 및 통로에 충분한 여유 공간을 확보해야 한다. 출하축이 자유롭게 물을 마실 수 있는 시설을 비치하고 소음을 최소화하되 일정한 조명을 유지해 가축이 안정을 취할 수 있는 환경을 조성해주어야 한다.

② 도축장에서 충분한 휴식 제공

출하축은 도축 전 8~24시간 휴식상태를 제공해 스트레스를 최소화시켜주고 유도로 진입 시 전기봉 사용을 최대한 금지한다. 명절 등의 성수기에도 가급적이면 차상계류는 자제하는 것이 좋다.

(이상 "농협중앙회", 「농수축산신문」 참조)

③ 최단 시간 방혈 실시

두개골 타격 후에는 신속 정확하게 경동맥을 절단해 방혈을 용이하게 실시하며 시간은 최대 2분 내 완료해 도체 내 혈액을 최소화한다.

(7) 황돈과 연지돈

황돈과 연지돈은 섭취하는 사료에 영향으로 발생되는 이상육이다. 황돈은 불포화지방산이 근육조직에 축적되어 복지방 또는 신장지방이 황색을 띠며 불쾌한 풍미를 나타낸다. 이러한 황돈은 생선찌꺼기나 누에번데기를 장기간 급여하면 나타나며, 연지돈은 비육돈의 증체를 위해 대두박, 미강, 두부박, 아마인 유박 등과 같이 칼로리가 높은 사료를 다량 급여하면 발생된다. 연지돈은 지방이 연하고 탄력성이 없으며 변패가 쉽고 육가공

MEMO

에 사용할 경우 지방의 유리가 낮아 결착력이 떨어지는 단점이 있다. 그러므로 황돈과 연지돈 발생을 감소시키기 위해서는 위에 언급한 사료의 과다한 급여를 줄여야 한다.

(이상 『식육처리기능사 2』 참조)

(8) 웅취돈

웅취돈은 거세돈이나 암퇘지에서는 발생하지 않으며 거세하지 않은 수퇘지인 비거세돈의 특정한 성질로서 가열할 경우 땀 냄새나 오줌 냄새와 유사하게 특유의 역겨운 냄새가 난다. 이러한 웅취돈은 거세를 통하여 예방할 수 있다. 참고로 거세돈은 비거세돈에 비해 성장률은 약 10% 정도 감소되고, 9~20%의 높은 지방함량을 나타내며 사료 이용률도 약 10% 이상 낮아진다. 웅취의 원인은 식육의 지방에 침착되어 있는 스카톨(Skatole)과 안드로스테론(Androsteron)이라는 물질로 알려져 있으며, 위생학적으로 무해한 것으로 판명되었다.

(이상 『식육처리기능사 2』, 『Pig&Pork 저널』 참조)

<표 6> 식육의 품질에 영향을 미치는 도축 후 요인

요인	효과
돼지도체를 매우 낮은 온도에서 냉각(-29°C)	PSE 감소
강직 전 냉동	경화
강직 전 근육의 고압처리	연화
강직 초기 적출, 0~10°C 유지	경화
강직 초기 적출, 37°C 유지	연화
근육 신장	연화
소 도체의 신속한 냉각	경화
35~40% 근수축	경화
> 60% 근수축(근절의 붕괴)	연화
전기자극(50~60hz)	연화
전기자극(50~60hz): 최소한의 구조 손상	경화

4) 사후 식육의 변화

(1) 사후강직(Rigor mortis)

가축을 도축한 후 시간이 지남에 따라 근육의 경직이 일어나고 신장성(늘어나는 성질)

MEMO

이 감소하며 보수성과 연도가 떨어지는 현상을 사후강직이라 하고, 사후강직의 정도와 사후강직의 속도는 고기의 품질과 밀접한 관련이 있다.

<표 7> 고기별 사후강직 시간

가축의 품종	사후강직 시간
소	6~12시간
양	6~12시간
돼지	2~3시간
칠면조	1시간 이내
닭	30분 이내
물고기	1시간 이내

(『Principles of meat science』)

사후강직의 순서는 다음의 순서대로 진행이 일어난다.

① 사후강직은 도축과 방혈로 인해 심장의 활동이 정지됨으로 시작된다. 체내로 에너지와 산소의 공급이 중단되어 대사 형태가 호기적 대사에서 혐기적 대사 상태로 변하고, 근육 내에 남아 있던 글리코겐이 해당작용(산소가 공급되지 않아도 탄수화물을 분해하여 에너지를 생성할 수 있다)을 통해 마지막 에너지를 얻는 과정에서 근육수축으로 인해 발생한다.

② 강직 전 단계는 도살 직후 1~3시간 동안으로 근육 내에 잔류하는 글리코겐 및 ATP의 양이 많아 근육의 수축과 이완이 일어날 수 있기 때문에 이때 고기는 아직까지 유연하고 신전성이 높은 상태를 유지할 수 있다.

③ 강직 개시 단계에서는 근육 내 존재하는 글리코겐과 ATP 함량이 일정 수준 이하로 낮아지면서 수축된 근육이 다시 이완되지 않는 경우가 발생하기 시작한다.

④ 강직 완료 단계에서는 글리코겐과 ATP가 전부 사용되어 근육의 마이오신과 액틴이 불가역적 결합을 통해 영구적으로 수축하여 신전성을 잃는 단계이다. ATP가 존재하지 않으면 Ca^{2+}의 유무와 관계없이 마이오신과 액틴이 강하게 결합하여 신장성이 소실된다. 뿐만 아니라 글리코겐이 산소공급이 없는 혐기성 대사과정(해당작용)을 통해 분해되면서 생성된 젖산으로 인하여 근육은 최종 pH가 5.6 이하 수준에 도달하게 되고 근원섬유 사이의 공간이 좁아져서 보수력도 감소하게 된다.

MEMO

강직된 상태의 고기는 섭취 시 저작감이 질길 뿐만 아니라 풍미도 감소하게 된다. 그러므로 사후강직이 완료된 이후 저온 숙성 등을 통해 고기가 연해지고 풍미에 관여하는 아미노산 등을 생성하여 풍미가 증진되도록 하는 것이 좋다. 아래의 표는 축종에 따라 경직시간, 최대경직 및 숙성완료 시간을 나타내었다. 이처럼 축종별 경직시간 및 숙성완료 시간의 차이는 근육을 구성하는 구성 성분 즉 근섬유 및 결체조직 구성 조성 등의 차이가 영향을 미친다.

종류	강직 시작	최대강직(냉장)	숙성완료(냉장)
소고기	12시간	24시간	7~10일(4~7℃)
돼지고기	12시간	24시간	3~5일
닭고기	6시간	12시간	2일

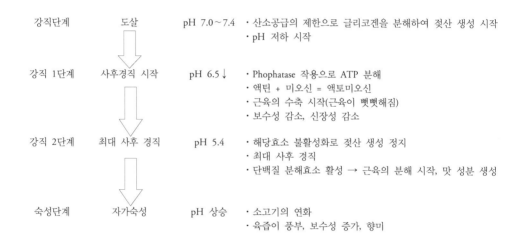

강직단계	도살	pH 7.0~7.4	· 산소공급의 제한으로 글리코겐을 분해하여 젖산 생성 시작 · pH 저하 시작
강직 1단계	사후경직 시작	pH 6.5↓	· Phophatase 작용으로 ATP 분해 · 액틴 + 미오신 = 액토미오신 · 근육의 수축 시작(근육이 뻣뻣해짐) · 보수성 감소, 신장성 감소
강직 2단계	최대 사후 경직	pH 5.4	· 해당효소 불활성화로 젖산 생성 정지 · 최대 사후 경직 · 단백질 분해효소 활성 → 근육의 분해 시작, 맛 성분 생성
숙성단계	자가숙성	pH 상승	· 소고기의 연화 · 육즙이 풍부, 보수성 증가, 향미

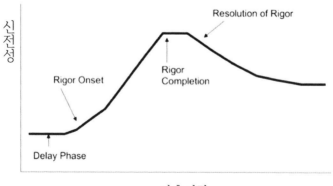

<그림 29> 육류의 사후강직과 숙성시간(안선정, 『Principles of meat science』 참조)

MEMO

(2) 숙성(=사후강직 해제)

사후강직이 완료된 이후 저장된 고기에서는 숙성이 일어난다. 숙성은 도체나 절단육을 빙점 이상의 온도에서 방치시킴으로써 고기의 질, 특히 연도를 향상시키는 방법이다. 강직 중에 형성된 액토 마이오신(Acto myosin, 액틴 필라멘트와 마이오신 필라멘트의 영구결합 형태)을 근육 내 존재하는 카뎁신(Cathepsin), 칼페인(Calpain) 같은 단백질 분해효소에 의한 자가소화에 의해 근원섬유 단백질 및 결체조직 단백질이 분해(근섬유의 소편화)되면서 숙성이 진행된다. 고온숙성은 온도체를 5℃ 이상에서, 냉장온도 숙성은 절단육을 0~5℃ 사이에서 숙성시키는 것이다. 숙성은 저온단축을 방지하고, 근육 내 단백질 분해효소들의 자가소화를 증진시키며, 고기의 연도를 향상시킬 뿐만 아니라 고기의 풍미를 향상시킨다.

(이상 『식육처리기능사 3』, 『식육과 육제품의 과학』, 『축산식품학』 참조)

<표 8> 0℃ 저장 중 축종별 숙성기간

숙성 정도 축종	50% 숙성	80% 이상 숙성
소고기	4.3일	10일(7~14일)
돼지고기	1.8일	4.5일(4~6일)
닭고기	5시간	12시간

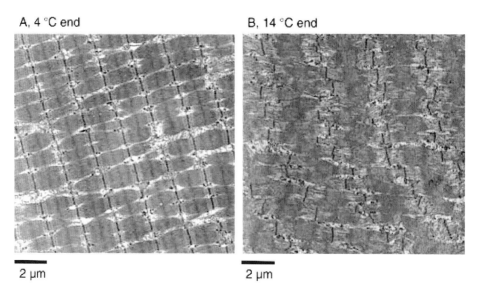

A, 4 °C end   B, 14 °C end

2 μm   2 μm

<그림 30> 사후강직 후 숙성 중 발생하는 근섬유의 소편화 과정(『Principles of meat science』 참조)

MEMO

(3) 사후강직 전후 이상육의 발생

① 해동강직(해동경직)(Thaw rigor)

・해동강직

해동강직이란 도살 후 발생하는 사후강직이 완료되기 전 상태의 고기를 동결저장한 후 이것을 해동할 때에 생기는 근육의 단축(Shortening) 현상을 말한다. 사후강직이 완료되기 전 근육이 글리코겐과 ATP의 농도가 아직 높은 상태에서 고기를 동결저장하게 되면 근섬유를 둘러싸고 있는 근소포체라는 조직에서 칼슘의 배출이 억제된다. 근육이 수축하기 위해서는 근소포체에서 칼슘이 근육으로 배출되어야 하는데(칼슘은 근섬유를 수축시키는 신호제 역할을 한다) 근소포체가 얼어 있는 상태이기 때문에 칼슘이 배출되지 못하고 동결되어 있다가 이후에 고기를 해동하게 되면 칼슘이 배출되게 되고 그로 인해 근섬유가 수축하게 된다(사후강직과 같은 방식으로 수축한다). 근육이 발골 정육 상태에서는 심하게 단축하기 때문에 고기가 질긴 상태에 이르게 된다. 뼈가 붙어 있는 지육 상태에서는 해동강직 현상이 상대적으로 적게 발생한다.

・해동강직의 예방

해동강직을 예방할 수 있는 가장 기본적인 방법은 도축 후 사후강직이 완료된 이후에 고기를 냉동 저장하거나 냉장 저장하는 것이다. 도축 직후의 것을 동결 후 해동했을 때 해동강직이 가장 심하기 때문에 이를 피하기 위해 최대경직기 이후에 동결하는 것이 바람직하다. 해동강직을 방지하기 위한 다른 방법으로는 근육의 수축에 필요한 에너지인 글리코겐과 ATP 잔존량을 미리 충분히 저하시키는 것이다. 근육 내 잔존 에너지를 제거하는 가장 효과적인 방법은 전기자극법이다. 전기자극법은 도살 후에 근육 중의 ATP의 소실과 해당작용을 가속화하여 사후강직의 개시시기를 빠르게 하는 것이기 때문에 수출용 냉동육의 해동강직 방지법으로 호주 및 뉴질랜드에서 실용화되었다. 그러나 높은 전압을 사용하는 전기자극법은 물의 사용이 많은 도축장에서 감전의 위험이 있을 수 있기 때문에 사용이 일부 제한적이다. 도체의 온도를 빠르게 낮춰야 하는 주요 이유는 미생물의 성장을 억제시키기 위함이다. 따라서 도체의 초기 미생물 오염을 낮추게 되면 급속하게 온도를 감소시켜야 할 시간을 확보할 수 있기 때문에 해동강직을 예방할 수 있다.

MEMO

② 저온단축(Cold shortening)

· 저온단축의 발생

저온단축이란 도살 후 발생하는 사후강직이 완료되기 전 상태의 고기를 5℃ 이하로 빠르게 냉각할 때 골격근이 현저히 수축하여 질겨지는 현상을 말한다. 이것은 소, 양 등에서 심하게 일어나고 돼지에서는 상대적으로 적게 발생한다(백색근에서보다 적색근에서 일어나기 쉽다). 저온단축의 발생과정은 해동강직과 유사하게 사후강직이 진행되는 과정에서 온도를 빠르게 낮추면 칼슘을 배출하여 근육을 수축되게 하는 근소포체나 미토콘드리아(에너지원인 ATP 생성기관)가 저온에서 기능 저하를 초래하기 때문에 근육 내에 칼슘농도가 급격하게 상승하여 근육수축이 심하게 일어나기 때문에 발생한다. 소, 양은 도살 후 지육을 급속 냉각하면 저온단축이 일어나기 때문에 아주 질긴 정육이 얻어지고 풍미도 감소하게 된다.

(이상 『식육처리기능사 2』 참조)

· 저온단축 예방

저온단축 예방으로는 해당강직과 마찬가지로 사후강직이 완료된 이후에 고기의 온도를 낮추는 방법이 있다(미생물의 성장이 높아질 가능성이 있음). 저온단축을 방지하는 가장 현실적인 방법 사후강직이 완료되기 전 도체의 온도를 천천히 떨어뜨리는 것이 있다. 그리고 저온단축은 혐기적 조건하에서 주로 일어나고, 산소가 충분히 있으면 일어나지 않는다. 골격에서 절취하여 저온 단축시킨 고기는 15℃에서 단축시킨 고기보다 가열 후의 경도는 크지만, 골격에 붙어 있는 상태로 저온에 두면 단축이 억제되어 경도의 증가를 억제시킬 수 있다. 따라서 일반적으로 행해지는 것처럼 골격에 부착된 상태로 숙성시키는 경우 저온단축은 크게 문제되지 않는다.

(이상 『식육·육제품의 과학과 기술』 참조)

③ 고온단축

· 고온단축 발생

고온단축은 백색육의 비율이 높은 가금류의 가슴살에서 많이 일어난다. 도체의 온도가 높은 상태로 오래 유지되면 빠른 해당과정이 일어나게 되고 젖산의 축적이 높아져 급격한 pH의 저하를 야기하게 됨으로써 고기가 질겨지고 보수력이 감소하게 된다.

MEMO

· **고온단축의 예방**

고온단축을 방지하기 위해서는 가금류를 도축 후 즉시 차가운 물에 담그는 수냉 또는 공냉을 통해 예방할 수 있다.

④ **히트링(Heat ring)**

· **히트링 발생**

히트링은 등지방이 얇은 도체에서 주로 일어난다. 도체가 냉각될 때, 냉기를 직접 받는 도체 표면은 급속히 냉각되고 심부는 천천히 냉각되는데, 이러한 외부와 심부의 온도 차이로 인해 바깥쪽 등심근 색깔이 심부보다 짙은 붉은색의 둥근 고리 모양을 보이는 것을 말한다.

(이상 『식육생산과 가공의 과학』 참조)

· **히트링 예방**

히트링을 방지하는 방법은 도체를 충분히 수세하여 미생물 오염을 최소화한 다음 냉장고의 공기 흐름을 원활하게 하여 천천히 전체적으로 고기의 온도가 감소할 수 있도록 하는 것이다.

(이상 "축산물품질평가원", 『식육생산과 가공의 과학』 참조)

5) 사후강직 전후 이상육 발생을 해결하는 방법

(1) 전기자극(Electrical stimulation)

전기자극은 이러한 앞서 언급한 해동강직, 저온단축 및 고온단축 등의 발생을 억제하기 위한 효과적인 방법 중 하나로 Swammerdam이 1963년 최초로 전선을 이용하여 개구리에 전기자극을 주면 근육이 수축한다는 것을 발견하였다. 그 후 미국의 Harsham, Deatherage와 Rentschler 등이 각각 소 도체를 연화시킬 수 있는 방법으로 특허를 내었다. 이러한 전기자극이 실제로 사용되기 시작한 것은 기술의 발달로 저장, 운반을 위해 급속냉장 및 냉동을 시작한 1970년대 이후이다.

(이상 『식육생산과 가공의 과학』 참조)

MEMO

① 전기자극의 효과

·사후 해당작용의 가속화

전기자극은 사후 근육에 잔존하는 에너지를 빠르게 소모하게 하여 사후 해당작용을 가속화시킬 수 있다. 전기자극에 의해 해당작용이 가속화되면 글리코겐과 ATP가 급속히 소모되므로 사후강직이 신속하게 완료된다.

·연도와 숙성 효과 증진

전기자극을 통해 근육의 미세구조 파괴 및 근육 내 단백질 분해효소들의 자가소화력 증진 등으로 고기의 연도를 증진시킬 수 있다. 즉 전기자극으로 인해 짧은 시간 안에 근원섬유가 과도한 수축작용이 일어나 근육의 미세조직들이 파괴됨으로써 연도가 증진된다. 또한 전기자극을 가하면 해당작용이 빠르게 일어나 도체의 온도가 높은 상태에서 pH가 급속도로 감소하여 근원섬유 단백질을 분해하기 때문에 고기의 숙성과 연도가 증진된다.

·육색 향상

전기자극에 의해 급속한 해당작용이 일어나고 그 과정에서 고기 내 산소가 침투하여 고기 표면에서 육색소의 화학적 상태가 옥시마이오글로빈 상태가 되어 육색을 개선하는 것으로 추측된다.

·저장성 개선

전기자극은 도체의 pH를 급속히 강하시키므로 미생물 성장을 억제시킬 뿐만 아니라 전기자극에 의해 미생물을 일부 사멸시킬 수 있다.

② 전기자극의 방법

·저전압 전기자극법

저전압 전기자극법은 30~90V의 전압으로 약 4~5분간 자극을 해주는 방법이다. 저전압 전기자극법은 방혈 후 10분 이내에 빠르게 전기자극을 실시해야 효과가 크다. 일반적으로 두 개의 전극을 코와 항문, 코와 다리에 연결한 후에 전기를 흘린다. 저전압 전기자극 방법의 장점은 시설장비가 다른 방법들에 비해 저렴하고 감전 위험이 낮다는 것이다.

MEMO

· 고전압 전기자극법

고전압 전기자극은 높은 전압인 500~700V로 약 1~2분간 자극하는 방법이다. 고전압 전기자극 방법은 다른 쪽 전극막대를 도체의 가슴 또는 등에 접촉시킨 형태에서 실시한다. 고전압 전기자극은 시설장비가 고가이며, 감전의 위험이 매우 높기 때문에 취급이 어렵다는 단점이 있다.

③ 전기자극의 문제점

· 안전성

도축장은 물의 사용이 빈번하고 사람이 낮은 전류에도 민감하기 때문에 감전의 위험이 있으므로, 안전장치와 숙련된 기술이 필수적으로 요구된다.

· 위생성

전기자극에 사용되는 장비는 감전의 위험이 크기 때문에 물을 이용한 잦은 세척이 어렵고 여러 도체에 계속해서 사용되기 때문에 교차오염의 위험이 크다.

· 육단백질 변성

고전압 전기자극을 실시하면 도체의 온도가 상승할 수 있고, 온도가 높은 상태에서 도체의 급속한 pH 저하가 일어나 육단백질의 구조 변화나 변성이 발생할 수 있기 때문에 식육의 품질이 저하될 수 있다.

(2) 온도체 가공(Hot processing)

일반적으로 도체의 발골은 도축 후 24시간이 경과한 이후 냉도체 상태에서 실시하는데, 그 이유는 24시간 동안 사후강직이 완료되고, 근육과 지방이 단단해져 발골이 용이하기 때문이다. 뿐만 아니라 사후강직이 완료된 고기에서 육류등급 심사가 용이하다. 온도체 가공은 도체온도가 아직 높은 상태에서 발골하여 뼈나 과도한 지방을 제외한 가식부분의 적육만을 이용하는 방법이다. 가공방법에 따라 강직 전 상태의 근육을 사용할 수도 있고, 강직 후의 근육을 사용할 수도 있다.

(이상 『식육처리기능사 1』 참조)

MEMO

① 온도체 가공의 장점

·수율증가

온도체 가공 후 즉시 포장하여 냉각하면 수분증발을 방지하여 정육의 수율을 증가시킬 수 있다.

·냉장효과 증진

온도체 가공은 발골 이후에 4℃ 이하로 냉장시키기 때문에 냉장실의 공간을 효율적으로 이용할 수 있으며, 냉장 비용도 감소시킬 수 있다. 온도체 가공육은 도축 후 바로 발골하거나 정형한 정육만을 냉장시키는 것보다 냉장실 공간과 에너지 경비를 각각 80%와 50% 절약할 수 있으며, 발골한 정육을 4℃ 이하로 냉각시키는 데 소요되는 시간을 단축시킬 수 있다.

·육질향상

사후강직 전 온도체 가공육은 보수성, 유화력, 염용성단백질의 추출성 등 가공특성이 좋아 육가공의 원료육으로 더 적합할 수 있다. 그러나 구이용으로 사후강직 전 고기나 사후강직 직후 고기는 바람직하지 않다. 온도체 발골한 정육은 냉각온도에 노출되는 면적이 넓어지기 때문에 냉각 효율이 높아지고 육색의 변이를 줄여 균일한 육색을 얻을 수 있다.

② 온도체 가공의 문제점

·저온단축

저온단축은 근육이 뼈에 붙어 있을 때보다 발골한 이후 더욱 심하게 발생하는데, 그 주요한 이유는 근육을 지탱하던 뼈가 사라져 물리적 단축이 증가하기 때문이다.

·미생물 증식

온도체 가공은 사후강직이 일어나기 전이고 온도와 pH가 높기 때문에 미생물의 증식이 빨리 일어날 수 있다. 그렇기 때문에 온도체 발골을 위해서는 초기오염을 줄일 수 있도록 도체의 취급에 유의해야 한다.

(이상 "축산물품질평가원" 참조)

MEMO

6) 품질관리

(1) 육색

식육의 색은 소비자가 식육의 품질을 판단하는 가장 주요한 기준이 된다. 살아 있는 근육에서 색은 마이오글로빈(Myoglobin)과 혈색소인 헤모글로빈(Hemoglobin)의 영향을 받지만, 도축된 이후 고기의 색은 대부분 육색소인 마이오글로빈에 영향을 받고 헤모글로빈의 영향은 크지 않다. 이러한 이유는 도축 시 방혈로 헤모글로빈은 체외로 대부분 방출되기 때문이다. 살아 있는 근육에서 마이오글로빈은 근육에 필요로 하는 산소를 저장하는 역할을 하지만, 도축 후에는 고기 육색을 좌우하는 색소가 된다. 육색소인 마이오글로빈은 글로빈(Globin)이라고 하는 단백질 부분과 힘(Heme)이라는 비단백질 부분으로 구성되어 있다. 특히 힘(Heme)은 철 원자를 함유하는 포피린(Porphyrin)으로 구성되어 있다. 마이오글로빈은의 함량은 축종, 품종, 연령, 성별, 사료, 고기의 부위 및 운동 정도 등 다양한 요인들에 따라 크게 달라진다.

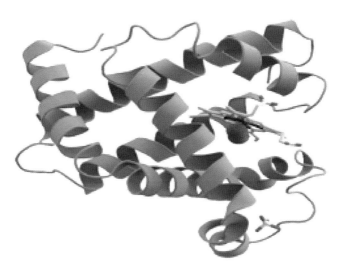

<그림 31> 마이오글로빈의 4차원 구조(『Wikipedia』)

MEMO

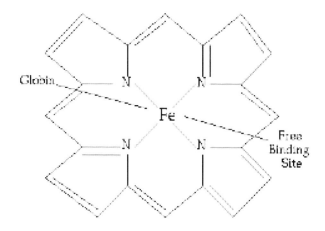

<그림 32> 마이오글로빈의 힘(heme) 구조(『Principles of meat science』 참조)

위의 그림과 같이 힘(Heme)을 구성하고 있는 포피린은 중앙에 철(Fe) 원자가 위치하고 있고, 철 원자 주위에는 4개의 질소가 결합하고 있고, 철 원자의 5번째 부위에는 글로빈이 결합하고 있으며, 철 원자의 6번째 결합 부위에 자유결합 부위가 있다. 고기의 색은 철의 6번째 자유결합 부위(Free binding site)에 무엇이 붙느냐에 따라 결정된다. 즉 육색은 육색소인 마이오글로빈의 함량과 화학적 상태에 의해 결정된다.

신선한 상태의 생육에서 육색은 환원형 마이오글로빈에 의해서 어두운 적자색을 띠고 가운데 철의 전자가는 2가(Ferrous)의 형태이며, 철 원자의 6번째 자유결합 부위에는 물(H_2O)이 붙어 있다.

환원형 마이오글로빈을 산소에 노출시키면 산화되어 옥시마이오글로빈(Oxymyoglobin)으로 되고 고기는 선홍색을 띠게 되는데, 철 원자의 6번째 자유결합 부위에는 산소가 결합되어 있다.

옥시마이오글로빈을 공기 중에 오랜 시간 방치하면, 마이오글로빈의 철은 산화되어 3가(Ferric)로 되고 옥시마이오글로빈은 메트마이오글로빈(Metmyoglobin)으로 변화하여 고기색은 갈색이 된다.

식육을 높은 온도로 가열하면 고기의 색이 갈색으로 변하게 되는데 이러한 이유는 마이오글로빈의 중앙에 위치한 철이 산화되어 헤미크롬(Hemichrome)으로 변성될 뿐만 아니라, 철과 결합한 글로빈에 열변성이 일어나 메트마이오크로모겐(Metmyichoromogen)이 되기 때문이다. 환원형 마이오글로빈 철 원자의 6번째 자유결합 부위에 일산화질소

MEMO

(Nitric oxide)가 결합될 경우 나이트릭옥사이드 마이오글로빈(Nitric oxide myoglobin)으로 변화되어 고기는 핑크색을 띤다.

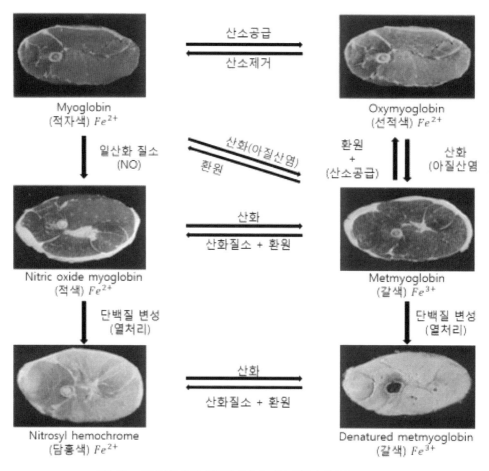

<그림 33> 마이오글로빈의 화학적 상태에 따른 육색의 변화(Ilmupangan)

① 육색에 영향을 미치는 요소

· 가축의 나이가 많을수록 마이오글로빈의 양이 증가해 어두운 육색이 된다. 뿐만 아니라 가축의 품종, 성별, 영양조건, 운동량, 근육부위, 스트레스 등이 육색에 영향을 미친다.

· 비타민 E를 급여한 소의 고기는 마이오글로빈이 메트마이오글로빈으로 산화되는 것을 억제하여 육색을 변화를 방지할 수 있다.

MEMO

- 미생물의 성장은 고기 표면의 산소분압을 감소시켜 메트마이오글로빈을 생성하게 하여 육색을 갈색으로 변성시킨다.
- 육제품 제조 시 첨가하는 소금과 아질산염 등은 마이오글로빈을 니트로실헤모크롬 (Nitrosyl hemochrome)으로 바꾸어 가열 후 육색을 적색·담홍색으로 유지시킨다.
- 육색은 포장법에 따라서도 영향을 받으며 진공포장의 경우 산소의 농도가 낮아져 옥시마이오글로빈이 메트마이오글로빈으로 변하기 때문에 갈색이 된다(일시적인 현상으로 공기 중에 노출되면 다시 선홍색으로 되돌아올 수 있다). 산소투과율이 높은 포장(랩 포장 등)은 육색소가 옥시마이오글로빈 상태를 유지할 수 있기 때문에 육색이 선홍색으로 유지될 수 있다(저장기간이 경과하여 미생물이 성장하면 갈색으로 변할 수 있다).

<표 9> 동물의 종류, 연령, 근육 부위에 따른 육색소의 절대량

동물의 종류	근육	Myoglobin 함량(mg/g)
닭	백육	0.01
	암육	0.5
칠면조	백육	0.15
	암육	1.5
돼지	등심	1~3
양	등심	2~3
황소	등심	3~6
청고래	등심	9
암육 생선		5.3~24.4
백육 생선		0.3~1.0

동물의 종류	나이	Myoglobin 함량(mg/g)
소 등심	12일	0.70
	3년	4.60
	> 10년	16~20
돼지 등심	5개월	0.30
	6개월	0.38
	7개월	0.44
닭 암육	8주	0.40
	26주	1.12
닭 백육	8주	0.01
	26주	0.10

MEMO

(2) 보수력(WHC, Water-Holding Capacity)

고기가 내외부 자극에 대하여 가지고 있는 수분을 보유하려는 힘을 보수력이라고 하고 그 성질을 보수성이라고 한다. 보수력이 높다는 것은 고기가 그 고유의 수분을 잘 보유하고 있다는 뜻이다. 예를 들어, 보수력이 100%라는 것은 수분의 손실이 전혀 없다는 뜻이고, 보수력이 50%라는 것은 고기가 보유한 수분의 절반이 고기 밖으로 배출되었다는 뜻이다. 보수력(또는 보수성)은 고기의 종류나 부위, 사후의 경과시간 및 도축 전과 후의 취급 등과 밀접한 관계가 있다. 축종별로는 닭고기 > 소고기 > 돼지고기 순으로 보수력이 좋다. 즉 동일한 조건에서 닭고기가 돼지고기에 비해 수분의 손실이 적다는 의미이다. 부위별로는 지방이 많은 부위가 지방이 적은 부위에 비해 보수력이 높은 것으로 나타나는데, 그 이유는 지방이 많을수록 단백질과 수분의 함량이 낮기 때문에 상대적으로 보수력이 높게 나타나게 된다. 돼지고기의 경우 지방함량이 20~30% 수준인 삼겹살 부위가 지방함량이 10% 이하인 등심에 비해 보수력이 높은 이유가 바로 지방함량이 높고 수분과 단백질(많은 양의 수분은 단백질과 결합되어 있음)의 함량이 낮기 때문이다. 즉 수분의 함량이 높은 고기일수록 도축, 발골, 절단, 저장 또는 조리 과정에서 수분의 손실에 더 주의해야 한다. 고기는 평균 70% 정도의 수분을 함유하고 있고, 고기의 수분은 고기의 수율, 풍미, 조직감, 가공적성 등 고기의 품질에 가장 큰 영향을 미치는 요인이기 때문에 수분의 손실을 최소화할 수 있도록 취급해야 한다.

(이상 『식육의 과학과 이용』, 『축산식품학』 참조)

① 고기 내 수분의 종류

고기 내에 존재하는 수분의 종류는 수분의 결합위치와 결합정도에 따라 결합수(Bound water), 고정수(Immobilized water) 및 유리수 또는 자유수(Free water)로 구분한다. 고기 내에서 결합정도는 결합수 > 고정수 > 자유수 순으로 높으며, 고기 내에서 결합정도가 높을수록 쉽게 빠져나오지 않는다. 보수력에 가장 큰 영향을 미치는 수분은 자유수이며 고정수도 보수력에 적게 영향을 미친다. 그러나 결합수는 일반적인 가공 또는 취급 조건(예시: pH 변화, 열처리, 세절, 냉동 및 해동, 압축 등)에서 잘 빠져나오지 않기 때문에 보수력에 거의 영향을 미치지 않는 수분이다. 즉 보수력을 높이기 위해서는 자유수와 고정수의 손실을 최대한 억제해야 한다.

(이상 『식육의 과학과 이용』, 『축산식품학』 참조)

MEMO

• 결합수(Bound water)

결합수는 육단백질들의 잔류기들과 전기적으로 강하게 결합되어 있는 수분을 말한다. 생체 내에서 조직과 가장 단단하게 결합하고 있는 물이며, 주로 단백 전하군과 단단하게 수소결합을 하고 있다. 결합수는 저온에서도 곧바로 얼지 않고 또 용매로의 작용도 거의 하지 않는다. 고기의 경우 단백질 100g당 5~10g 정도의 결합수를 함유하고 있다. 결합수는 수증기압이 극히 낮아서 대기 중에서 잘 증발하지 않고 큰 압력을 가하여도 쉽게 분리·제거되지 않는다. 그렇기 때문에 고기의 보수력에 영향을 거의 미치지 않는 수분이다.

(이상 『식육의 과학과 이용』, 『축산식품학』 참조)

• 고정수(Immobilized water)

고정수는 고기 안에 80% 정도를 차지하고 있는 물의 형태로 단백질 구조 안에 들어가 있는 물이다. 고정수는 결합수와 전기적 인력으로 붙어 있는 수분을 말하는데, 단백질들의 잔기들로부터 다소 멀리 떨어져 있기 때문에 결합수보다 결합력이 약하다. 따라서 외부에서 자극을 주었을 때 결합수보다 쉽게 빠져나온다.

(이상 『식육의 과학과 이용』, 『축산식품학』 참조)

• 자유수 또는 유리수(Free water)

고기 속에 자유롭게 존재하면서 단백질 등과 결합하지 않고 자유롭게 이동할 수 있는 물로 모세관 현상에 의해 존재하는 물이다. 자유수는 오직 표면장력에 의해 식육 내에 존재하고 있기 때문에 매우 쉽게 식육의 표면으로 삼출되어 나올 수 있다. 자유수는 수용성 물질을 녹이는 용매로 사용될 수 있고 0℃ 이하에서 얼고 100℃ 이상 가열 시 쉽게 증발된다. 따라서 식육의 보수성은 고정수의 함량이나 고정수와 육단백질과의 결합상태에 따라 가장 크게 영향을 받는다.

MEMO

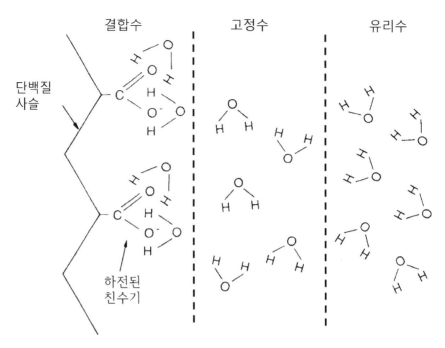

결합수 　　　　　　 고정수 　　　　　　 유리수

<그림 34> 결합수, 고정수 및 유리수의 형태(『Principles of meat science』 참조)

② 고기 내에서 수분의 기능

수분은 고기의 부드러운 식감을 주고, 풍미를 향상시키는 작용을 한다. 또한 고기에서 가장 많은 함량을 차지하는 성분이기 때문에 수분의 보유와 손실은 경제성과 밀접하게 관련이 있다. 또한 고기 내 수분은 육제품을 제조할 때 성분(향신료, 소금 또는 보존료 등)들을 녹이는 용매로 쓰인다.

③ 고기에서 보수력에 영향을 미치는 요인

·pH

보수력은 단백질의 (+) 전하와 (-) 전하가 같아지는 단백질 등전점(pH 5.0∼5.2)에서 가장 감소하는데 그 이유는 단백질의 전하들이 대부분 서로 당기려는데 사용되므로 다른 외부 물질들(수분)을 끌어당기는 순전하가 거의 없게 되므로 가장 낮은 보수력을 나타낸다. 따라서 육단백질의 pH가 등전점보다 높거나 낮으면 보수력은 커지게 된다. 도축 직후 높은 pH에서 높은 보수력을 보이다가 pH가 7.0에서 5.5로 강하하기 시작하면 보수력도 지속적으로 낮아진다. 사후 해당작용이 급격히 일어나는 PSE육은 낮은 pH와 높은 온도로 인

MEMO

해 육단백질의 변성이 발생하기 때문에 낮은 보수성이 나타나는 반면, 최종 pH가 6.0 이상인 DFD육에서는 근원섬유단백질들의 물 분자를 위한 순전하가 많으며 양전하 또는 음전하의 수가 한쪽으로 과량 밀집되어 필라멘트 사이에 반발력이 발생하게 되어 결과적으로 근원섬유 내에 수분을 위한 공간이 넓어지기 때문에 보수성이 높게 나타난다.

(이상 『축산식품학』 참조)

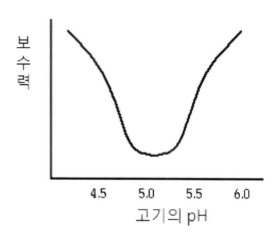

<그림 35> 고기에서 보수력과 pH의 관계(『Principles of meat science』 참조)

·공간효과

사후강직은 pH 감소와 함께 일어나게 되는데, 이때 고기 수분의 90%를 차지하는 근원섬유의 수분함량이 60% 수준으로 감소한다. 이러한 감소는 67%는 사후강직에 의한 것이고, 33%는 pH 변화에 의한 것이다. 뿐만 아니라 해동강직이 일어나면 육의 보수력 및 연도가 감소하여 고기가 질겨지게 되는데 이유는 근원섬유 사이의 공간이 좁아지면서 다즙성이 떨어지고, 근원섬유 간의 결합력이 강해지기 때문이다. 결과적으로 수축된 근육에서 보수력은 가장 낮게 나타난다.

(이상 『식육처리기능사 1』, 『식육과 육제품의 과학』 참조)

·소금과 인산염

소금과 인산염이 증가하면 음전하 (-)가 증가하여 고기의 단백질 보수력이 높아진다. 그 이유는 수소 양이온 (H^+)을 중화시킬 음전하가 필요해지기 때문에 단백질의 등전점

MEMO

이 낮아지고, 보수력이 증가한다. 특히 인산염은 마이오신과 액틴을 느슨하게 만들어 물이 더 많이 결합할 수 있게 된다.

(3) 연도

식육의 연도는 고기의 연한 정도를 말하며, 근육의 수축과 이완상태, 식육 내 결합조직의 상태와 함량, 근육 내 지방의 함량, 수분의 함량, pH, 사후강직 또는 숙성과정 등에 크게 영향을 받는다. 일반적으로 나이가 어린 고기, 거세한 고기, 결합조직의 함량이 적은 고기, 근육 내 지방(마블링, 상강도)이 많은 고기, 수분의 함량이 높은 고기, 숙성이 진행된 고기, pH가 등전점 이상인 고기에서 연도가 높게 나타난다. 고기의 연도는 입안에서 느껴지는 조리된 고기를 저작(詛嚼)할 때 고기 자체의 연한 정도와 조리된 고기가 보유한 수분의 양과 지방의 함량에 따라 입안에서 느껴지는 촉촉한 느낌 즉, 다즙성이 함께 작용하는 감각이다.

근육은 결합조직으로 둘러싸인 근섬유들이 평행으로 배열된 구조를 가진다. 따라서 고기의 연도는 근섬유와 결합조직의 화학적 조성이나 구조 변화로 인하여 다양한 차이를 보이게 되기 때문에 이들은 유전적 요인들뿐만이 아니라 사육조건들에 의해서도 크게 차이가 나게 된다. 연도는 근섬유와 결합조직의 화학적 상태나 물리적 상태에 영향을 주는 다양한 요인들에 의하여 변화되므로 살아 있는 동물 자체의 요인들, 즉 도축 전 가축의 취급 상태와 도축할 때의 조건들에 따라서도 달라진다. 그리고 가축의 도축 후에도 고기는 내부에서 지속적으로 끊임없이 생화학적인 변화를 계속하여 고기의 연도에 영향을 미치게 되기 때문에 도축 후 생산된 도체와 부분육으로 분할하여 상품화된 고기를 어떻게 처리, 취급하느냐에 따라 연한 정도가 다른 고기를 얻을 수 있게 된다. 고기를 연화시키는 방법으로 화학적 방법인 비타민 D 급여, 전기자극, 숙성, 효소, 소금, 식초를 뿌리는 마리네이드, 칼슘 주입이 있고 물리적인 방법으로는 고기망치의 사용이 있다.

(이상 "축산유통종합정보센터" 참조)

(4) 풍미

식육의 풍미는 냄새와 맛, 조직감, 온도와 pH 등 여러 요인이 복합적으로 작용하여 나타나는데, 일반적으로 혀에서 느끼는 맛과 코에서 느끼는 냄새 그리고 입속의 압력과

MEMO

열에 민감한 부분에서 오는 반응 등에 의해 종합되어 판단되는 감각으로 소비자의 구매 의사를 결정하는 중요한 요인이다. 식육의 풍미는 가축의 종류, 품종, 연령, 성별, 사양 방법 등에 영향 받는다.

(이상 "축산유통종합정보센터" 참조)

(5) 다즙성

다즙성은 소비자가 근육식품을 처음 몇 번 저작하는 동안 육즙의 신속한 유출에 의해 입안에서 느껴지는 촉촉함과 계속 씹을 때 혀, 치아, 그리고 구강의 여러 부분을 지방이 도포하면서 타액 분비를 촉진하여 야기되는 지속적으로 느껴지는 종합적인 감각을 말한다. 이러한 다즙성은 고기 자체에서 나오는 수분과 타액의 수분이 지방함량에 따라 분비되어 유래되며 씹는 동안 초기의 육즙 방출에 의한 촉촉함보다 근육 내에 지방함량이 높은 근육이 더 다즙한 느낌을 주게 된다. 냉장온도에서의 소고기 숙성은 다즙성을 향상시키지만 온도가 높아질수록 다즙성은 오히려 감소할 수 있으며, 냉동 저장 기간을 증가시키면 조리 시 해동감량, 드립손실 및 총 중량손실이 증가하여 다즙성에 나쁜 영향을 준다. 햄과 같은 가공육을 제조하였을 때 강직 전 고기가 훨씬 우수한 다즙성을 보인다.

(이상 "축산유통종합정보센터", 『식육생산과 가공의 과학』 참조)

<표 10> 식육의 품질에 영향을 미치는 도축 후 요인

요인	효과
돼지도체를 매우 낮은 온도에서 냉각(-29°C)	PSE 감소
강직 전 냉동	경화
강직 전 근육의 고압처리	연화
강직 초기 적출, 0~10°C 유지	경화
강직 초기 적출, 37°C 유지	연화
근육 신장	연화
소 도체의 신속한 냉각	경화
35~40% 근수축	경화
> 60% 근수축(근절의 붕괴)	연화
전기자극(50~60hz)	연화
전기자극(50~60hz): 최소한의 구조 손상	경화

MEMO

2. 소고기 부위별 명칭 및 용도

"축산물품질평가원"에서 제시한 소고기 부위별 명칭 및 용도는 다음과 같다.

<표 11> 소고기 부위별 명칭 및 용도

대분할부위명	목심(Neck)	정육률: 4.13%, 정육량: 14.5kg

부위위치: 제1~제7목뼈(경추) 부위의 근육들로서 앞다리와 양지 부위를 제외함

소분할 부위명	① 목심살 ② 제비추리 ③ 멍에살	목심에서 위 뒤쪽의 멍에살과 아래쪽에 제비추리를 제외한 목심 목심의 하단부위, 경추골의 아래 부분에 위치한 살 멍에를 거는 목덜미살로 매우 질긴 살	불고기 국거리 다짐육

특징: 운동량이 많은 부위로서 결이 거칠어 고기는 다소 질기며 육색은 짙음

대분할부위명	앞다리(Blade/Cold)	정육률: 7.21%, 정육량: 25.2kg

부위위치: 소의 앞다리를 감싸고 있는 근육으로서 사태를 제외한 부위

소분할 부위명	① 앞다리살 ② 꾸리살 ③ 부채살 ④ 갈비덧살 ⑤ 부채덮개살	소의 앞다리를 이루는 살 견갑골 앞쪽(목방향)을 덮고 있는 살 꾸리살 뒤쪽으로 부채뼈를 덮고 있는 부채 모양의 살 앞다리에서 갈비로 이어지는 넓은등근의 살 앞다리 분리 시 갈비 부위와 분리된 살	불고기 국거리 육회 조림 전골

특징: 운동량이 많은 근육들이 모여 있기 때문에 다른 부위와 비교하여 고기결은 거칠고, 육색은 약간 짙고 근내지방 침착도 낮음

MEMO

대분할부위명	등심(Loin)	정육률: 10.32%, 정육량: 36.1kg

부위위치: 가슴등뼈를 중심으로 양쪽에 길게 붙어 있는 두 채의 살덩이

소분할 부위명	① 윗등심살 ② 아래등심살 ③ 꽃등심살 ④ 살치살	6번째와 7번째 흉추골 사이를 절단한 등심의 앞부분 6번째 7번째 흉추골 사이를 절단한 등심의 뒷부분 등심 가운데에 길게 형성된 근내지방이 잘 형성된 살코기 앞다리 어깨부위 밑에 있는 삼각형 살	구이 스테이크 스끼야끼 샤브샤브

특징: 근육 내에 지방이 대리석상으로 박혀 있어 부드럽고 풍미가 좋음

대분할부위명	채끝(Strip Loin)	정육률: 2.35%, 정육량: 8.2kg

부위위치: 등심의 연장선에 있는, 요추골 양쪽 외측을 감싸고 있는 장방형의 등심살(등심 한 채의 끝 부분)

소분할 부위명	① 채끝살	등심에서 연결된 허리 부위로 허리등뼈 양쪽 외측을 감싸고 있음	구이, 스테이크 전골, 샤브샤브

특징: 동일한 개체 내에서 등심보다는 근내지방 침착이 상대적으로 낮지만 오히려 등심보다 더 연함

MEMO

대분할부위명	갈비(Rib)	정육률: 13.9%, 정육량: 48.7kg

 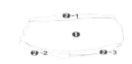

부위위치: 소의 1번~13번 갈비뼈(늑골)와 이를 덮고 있는 살을 총칭

소분할 부위명	① 본갈비 ② 꽃갈비 ③ 참갈비 ④ 갈비살 ⑤ 마구리 ⑥ 안창살 ⑦ 토시살 ⑧ 제비추리	제1갈비뼈~제5갈비뼈를 분리 정형한 것 제6갈비뼈~제8갈비뼈 제9갈비뼈~제13갈비뼈 대분할 갈비에서 마구리를 제거한 가운데 살집이 많은 부분의 갈비 대부분 갈비의 상단 및 하단 부위 소의 횡격막(가로막살) 토시 모양의 만화(지라와 이자)에 붙은 고기 갈비 안쪽에 붙은 이 고기를 손으로 잡아 추리는 데서 유래	구이 탕 찜갈비

특징: 근내지방 침착이 뛰어나며, 근육조직과 지방조직이 층을 형성하여 갈비뼈와 함께 요리 시 풍미 높음

대분할부위명	안심(Tender-Loin)	정육률: 1.81%, 정육량: 6.3kg

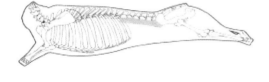 

부위위치: 복강 안쪽 요추골 아래 양쪽에 위치, 치골하부에서 제1요추골까지 이어짐

소분할 부위명	① 안심살	요추를 따라 가로돌기 안쪽에 자리 잡고 있는 가늘고 긴 원통형의 막대모양	스테이크, 구이, 샤브 샤브, 전골

특징: 운동량이 거의 없는 부위로서 결이 비단과 같이 곱고 부드러움

MEMO

대분할부위명	설도(Butt & Rump)	정육률: 9.63%, 정육량: 33.7㎏

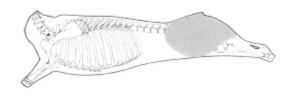

위치도
1 보섭살
2 설깃살
3 도가니살

부위위치: 소의 뒷다리 중 넓적다리 바깥쪽 궁둥이 살

소분할부위명	① 보섭살 ② 설깃살 ③ 설깃머리살 ④ 도가니살 ⑤ 삼각살	농기구 보습의 형태를 가진 살 소의 뒤 바깥쪽 엉덩이를 이루는 살 설깃살을 이루는 대퇴두갈래근의 상단부를 분리한 살 도가니 모양의 살 설깃살과 보섭살 사이에 있는 삼각형 모양의 살	산적, 불고기 장조림, 육회 육포, 국거리 전골, 잡채

특징: 부위에 따른 육질차가 크지만 고기질은 우둔과 유사하며 풍미가 좋아 스테이크로도 이용

대분할부위명	우둔(Topside/Inside)	정육률: 6.09%, 정육량: 21.3㎏

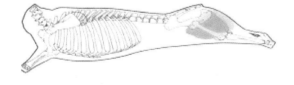 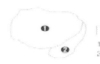

위치도
1. 우둔살
2. 홍두깨살

부위위치: 소의 뒷다리에서 넓적다리 안쪽으로 위치하며, 외측 면에 지방으로 덮여 있고, 근육 내에 지방침착이 적으며 고기의 결이 약간 굵은 편이나 근육막이 적고 연한 편

소분할부위명	① 우둔살 ② 홍두깨살	소의 뒷다리 안쪽(엉덩이 안쪽)살 소의 볼기에 붙어 있는 홍두깨 방망이 모양의 살	산적, 장조림 육회, 불고기 국거리

특징: 육질은 부드러운 부분과 질긴 부분으로 나누어지며 연하고 맛이 좋음

MEMO

대분할부위명	양지(Brisket & Flank)	정육률: 10.62%, 정육량: 37.2kg

위치도 | 1 양지머리 | 3 차돌박이 | 2 업진살 | 4 치마살

부위위치: 목심 아래와 앞가슴부터 허리 아래 배 부위 뱃살

| 소분할
부위명 | ① 양지머리살
② 차돌박이
③ 업진이살
④ 치마양지
⑤ 치마살
⑥ 앞치마살 | 목심의 아래와 갈비 아래 가슴살로 차돌박이를 분리한 살
양지머리뼈의 복판에 붙은 희고 단단한 기름진 고기
양지머리에서 배 쪽으로 이어지는 복부 양지
채끝 아랫부분에 있는 복부 근육의 살
채끝 아래에 타원형의 얇은 근육으로 정형 후 주름치마 모양의 살
소의 복부 하단 뒤쪽 부분인 복부절개선 뒤쪽 방향에 배곧은근 살 | 국거리
구이
육개장
탕 |

특징: 겉과 속 면 사이에 지방과 근막이 풍부하게 끼어 있으며, 결합조직이 많아 질기지만 구수한 육수 맛을 냄

대분할부위명	사태(Shin/Shank)	정육률: 4.44%, 정육량: 15.5kg

위치도 | 1 앞사태 | 2 뒷사태 | 3 뭉치사태 | 4 아롱사태

부위위치: 앞다리의 전완골과 뒷다리의 하퇴골을 감싸고 있는 작은 근육들로 근막이 잘 발달된 다발모양의 고기

| 소분할
부위명 | ① 앞사태
② 뒷사태
③ 뭉치사태
④ 아롱사태
⑤ 상박살 | 앞다리 전완골을 감싸는 살
뒷다리 하퇴골을 감싸는 살
무릎관절을 감싸는 근육
뭉치사태 안쪽 가운데 있음
상완근을 앞사태에서 분리 정형한 것 | 장조림
찜
탕 |

특징: 운동량이 많고 결합조직이 많아 질기나 장시간 조리하는 요리에 적합함

(이상 "축산물품질평가원")

MEMO

3. 돼지고지 부위별 명칭 및 용도

"축산물품질평가원"에서 제시한 돼지고기 부위별 명칭 및 용도는 다음과 같다.

<표 12> 돼지고기 부위별 명칭 및 용도

대분할부위명	목심(Neck)	정육률: 6%, 정육량: 5.14kg

위치도
목 심(목심살)

부위위치: 등심에서 머리 쪽으로 이어지는 부위

소분할 부위명	① 목심살	등심에서 머리 쪽으로 이어지는 부위	숯불구이, 로스용 수육, 구이, 보쌈 주물럭용

특징: 붉은색을 띤 핑크색으로 결이 약간 거칠고 질긴 편이지만 안쪽에 분포된 지방층과 힘줄이 불규칙한 모양으로 넓게 분포되어 있기 때문에 감칠맛 나는 농후한 맛으로 돼지고기 중에서 삼겹살과 더불어 가장 맛있는 부위

대분할부위명	갈비(Rib)	정육률: 3.8%, 정육량: 3.26kg

위치도
갈 비

부위위치: 앞가슴 부위로 목심과 앞다리로부터 분리되며 첫 번째부터 네 번째 또는 다섯 번째까지의 갈빗대(늑골)와 갈빗대 사이 살(늑간살)로 쫄깃쫄깃

소분할부 위명	① 갈비 ② 갈비살 ③ 마구리	제1늑골에서 제4늑골 혹은 제5늑골까지 갈비부위에서 뼈를 제거하여 살코기만을 정형한 것 소 분할 갈비 부위에서 가슴뼈(흉골) 부분을 따라 분리 정형	바비큐, 불갈비 갈비찜, 찌개용 양념갈비

특징: 뼈에서 나오는 엑기스가 살로 스며들어 독특한 맛을 내는 역할을 하며 전반적으로 근육 내에 지방이 고루 분포되어 있어 풍미가 좋아 전통적으로 돼지갈비구이용, 갈비찜용으로 이용

MEMO

대분할부위명	등심(Loin)	정육률: 9.0%, 정육량: 7.71 kg

부위위치: 목심과 같은 배최장근이 주를 이루는 원통형의 살코기 덩어리로 목심에 이어 등 쪽 중앙 부분에 길게 위치

소분할 부위명	① 등심살 ② 알등심살 ③ 등심덧살	제5 또는 제6흉추골부터 뒷다리 앞까지의 등 부위살 등심살 안쪽에 길게 형성된 고기 목심과 연결되는 부위의 덧살	탕수육, 잡채용 폭찹, 돈까스, 스테이크, 카레

특징: 지방으로 둘러싸여 있는데 안심과 같이 운동량이 적은 부위이기 때문에 색상이 연하고 부드러운 적육으로 내부 근막도 없는 저지방육임

대분할부위명	안심(Tender-Loin)	정육률: 1.5%, 정육량: 1.3 kg

부위위치: 요추 뼈 안쪽 몸 중앙에 위치하며 뾰족하고 긴 막대모양으로 대요근과 소요근, 잘골근과 날개살(사이드 근육)로 구성. 소고기 대분할 부위 안심과 동일한 부위

소분할 부위명	① 안심살	요추 뼈 안쪽 몸 중앙에 위치하며 뾰족하고 긴 막대모양으로 대요근과 소요근, 잘골근과 날개살(사이드 근육)로 구성. 소고기 대분할 부위 안심과 동일한 부위	장조림, 카레, 잡채, 탕수육, 훈제가공바비큐

특징: 지방이 적어 맛은 담백한 저칼로리 부위로 성인병이나 비만인 사람, 치아가 약한 사람들도 안심하고 먹을 수 있음

MEMO

대분할부위명	삼겹살(Belly)	정육률: 11.4%, 정육량: 9.77kg

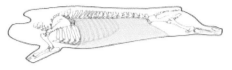 

위치도
1 삼겹살
2 갈매기살
3 갈비살겹

부위위치: 갈비를 분리한 뒷부분에서 뒷다리 앞까지의 복부 부위로 넓고 납작하며 복부근육과 지방이 마치 삼겹의 층을 형성

소분할 부위명	① 삼겹살 ② 갈매기살 ③ 등갈비 ④ 토시살 ⑤ 오돌삼겹	돼지의 뱃살로 지방과 살이 삼겹으로 층을 이루고 있는 살 돼지고기의 가로막 살 제5갈비뼈 또는 제6갈비뼈에서 마지막 갈비뼈 갈비뼈 안쪽의 가슴뼈에 부착되어 있는 살 갈비뼈의 연골을 감싸고 있는 근육의 살	구이 가공베이컨용 수육용 찜용

특징: 지방의 함유량이 높고 단백질은 적지만 비타민과 미네랄을 적당량 포함하고 있기 때문에 질기지 않고 감칠맛 나는 농후한 맛이 특징임

대분할부위명	앞다리(Blade/Cold)	정육률: 11.3%, 정육량: 9.68kg

위치도
1 앞다리살
2 사태
3 항정살

부위위치: 상완골과 어깨뼈(견갑골)를 싸고 있는 근육들로 대분할 앞다리에서 아래쪽 사태와 목덜미 쪽 항정살을 분할한 부위

소분할 부위명	① 앞다리살 ② 앞사태살 ③ 항정살	앞다리에서 사태와 항정살을 제거(앞다리 전완골을 감싸고 있는 살) 전완골과 상완골 일부를 감싸고 있는 정강이 근육을 앞다리 살 앞다리에서 목덜미 쪽 고기로 살과 지방이 여러 겹으로 반복되는 부드러운 살	구이, 불고기 찌개, 카레 수육(보쌈)

특징: 운동을 하는 부위이기 때문에 고기결이 조금 거칠고 고기색도 다른 부위에 비해서 짙음

MEMO

대분할부위명	뒷다리(Ham)	정육률: 17.6%, 정육량: 15.08 kg

 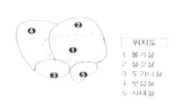

부위위치: 뒷다리 안쪽 넓적다리뼈(대퇴골) 상단부에 위치하며 살집이 두텁고 지방이 적어 담백한 맛을 냄

소분할 부위명	① 볼기살 ② 설깃살 ③ 도가니살 ④ 홍두깨살 ⑤ 보섭살 ⑥ 뒷사태살	뒷다리 안쪽 위에 위치한 살 돼지의 뒤쪽 둔부 외측을 감싸고 있는 살 대퇴골을 앞쪽에서 감싸고 있는 도가니 모양의 살 뒷다리 부위의 엉덩이 부분 안쪽에 있는 반힘줄모양근의 살 등심에 이어지는 농기구 보습모양의 살 돼지의 뒷다리 하퇴골을 감싸는 살	불고기 장조림용 샤브샤브 주물럭 찌개, 탕수육튀김

특징: 다른 부위에 비해 단백질, 비타민B1이 많이 포함되어 있으며 움직이는 부위로서 스지와 근막이 많아 질기지
만 같은 부위라 하더라도 부드러움에 차이를 보임

(이상 "축산물품질평가원")

MEMO

3장

육제품의 제조

1. 육가공의 정의

식육가공은 크게 1차 가공인 신선육 생산과 육제품을 생산하는 2차 가공으로 구분할 수 있다. 2차 가공인 육가공은 1차 가공으로 생성된 신선육을 세절 혼합, 조미, 훈연, 건조, 열처리 또는 발효 등의 방법으로 신선육의 성질을 변형시켜 제조하는 것을 의미한다. 육가공의 역사는 저장기간을 늘리기 위해 소금을 첨가하거나 건조하여 저장한 것에서 유래한 것으로 알려지고 있다.

1) 육가공의 목적

(1) 저장성 향상

고기는 미생물이 자라기에 좋은 조건(수분활성도, pH, 영양소 등)을 가지고 있어 실온에서 오래 보관할 수 없다. 또한 아무리 좋은 고급육이더라도 인간의 다양한 욕구를 만족시킬 수 없기 때문에, 과거에는 냉장기술과 시설이 부족하여 신선육을 오래 보관하기 위해 소금을 첨가하거나 연기를 쐬어 훈연을 하거나 건조 또는 발효과정을 통해 부패를 방지하고 나아가 신선육과 다른 풍미와 맛을 가지는 육제품을 제조하였다.

현대에는 과거에 비해 새로운 기술의 발달로 냉장, 냉동, 냉동건조, 통조림 제조, 새로운 첨가물 이용 그리고 방사선 조사 등의 여러 가지 방법들이 개발되어 왔다. 따라서 이러한 기술을 접목시킨 육제품의 생산은 식육의 안전성 측면에서 식중독을 예방하고 부패억제를 통한 자원의 손실을 방지할 뿐만 아니라 식육의 수급조절과 분배의 균형이라는 측면에서도 중요한 의미를 갖게 되었다.

(이상 『식육과학』, 『식육·육제품의 과학과 기술』 참조)

(2) 간편성과 다양성 증진

생활수준의 향상으로 소비자들은 다양한 종류의 제품을 원하여 그 중에 선호하는 것을 선택하여 구매하는 형태로 변화하고 식품구입, 음식준비 시 간편성을 추구하게 되었는데, 육제품은 이러한 소비자의 다양한 욕구를 충족시킬 수 있다.

MEMO

(3) 부가가치 증진

2차 가공인 육가공은 냉장, 가열, 건조 및 염지 등으로 식육의 저장성을 증진시켜 경제적 손실을 방지하고, 소비자의 욕구충족을 위해 간편성 및 다양한 맛을 부여함으로써 식생활을 보다 윤택하게 하고, 식육의 부가가치를 향상시킨다. 뿐만 아니라 포장 등을 통하여 제품의 정확한 정보를 제공하고 소비자의 구매력을 향상시킬 수 있다.

(4) 안전성 증진

육제품을 제조하는 공정에서 미생물의 오염을 방지할 수 있는 소재의 이용과 인간의 건강에 유익한 소재를 사용하여 건강증진에 도움을 줄 수 있는 육제품을 개발할 수 있다.

2. 육제품의 역사

"한국육가공협회" 자료에서 제시한 육제품의 정의를 보면 "육가공이란 고기를 소금에 절이거나 훈연, 건조, 열처리 또는 고기를 갈아서 모양을 변형시키는 등, 본래 고기의 성질이나 형상, 상태를 변화시키는 공정"을 말한다. 이러한 육가공의 역사는 실제로 선사시대부터 시작하였다고 할 수 있다. 수렵하여 잡은 고기가 양이 많은 경우 사람들은 먹고 남은 고기를 보관하고자 하였는데, 이때 고기를 소금에 절이거나 건조시키면 오랜 기간 보관할 수 있으며, 이렇게 처리된 고기가 그냥 먹는 고기와는 다른 맛이 난다는 사실을 사람들은 경험을 통해 발견하게 되었다.

기록에서 보면 훈연과 염지 기술은 고대 그리스 시대(B.C. 1000) 이전에 이미 존재하였다. 고대 그리스서를 보면, 그리스인들이 가장 좋아했던 음식 중의 하나는 소금에 절여서 훈연하여 건조시킨 햄이며, 이 햄이 가장 오래된 육제품 중 하나라고 할 수 있다. 또한 고대 그리스 시인 호메로스의 영웅서사시 오디세이(B.C. 700) 18장에 보면, "여기 숯불 위에 고기와 피로 채워진 염소 위가 오늘 저녁 만찬을 위해 구워지고 있네. 용맹하게 싸워서 적을 물리치고 돌아온 용사들만이 오늘 만찬에서 가장 잘 구워진 소시지를 선택할 수 있도다"라고 쓰여 있으며, 시인 아리스토판네스의 작품(B.C. 425)과 아테네

MEMO

시인 페레크라테스의 작품 속에서도 소시지가 언급되어 있음을 알 수 있다.

소시지의 어원을 살펴보면, 영어의 Sausage, 불어의 Saucisse, 이태리어의 Salsicca, 스페인어의 Salchicha 등은 라틴어로 소시지를 뜻하는 Salsicia로부터 유래된 말이다. 이 말은 라틴어로 소금에 절인다는 뜻의 Salsicius로부터 유래된 것으로 소시지의 기원이 염지와 깊은 관련이 있음을 말해준다. 또한 슬라브 국가들에서는 소시지를 뜻하는 말이 러시아어로 Kolbasa, 폴란드어로 Kielbasa, 체코슬로바키아어로는 Klobasa, 세르보 크로아티아어로는 Kobasica인데, 이 말은 히브리어로 '모든 고기'를 뜻하는 Kolbasar로부터 유래된 것으로 추정된다. 이것은 당시 슬라브 국가들에 살고 있는 유태인들이 소시지나 햄을 주로 생산하여 판매함으로써 비롯되었다고 할 수 있다. 독일어로 소시지를 뜻하는 Wurst는 11세기부터 기록되기 시작하였으며, 이것은 아마도 소시지를 충전 후 창자를 꼬았다는 의미의 인도 게르만어인 Weret나 Versuert 또는 라틴어인 Vertere에서 유래된 것으로 추정된다. 이와 관련하여 소시지를 이탈리아에서는 Würstel, 발칸반도 지역에서는 Virstle이라고 부른다.

중국에서는 남, 북조시대(B.C. 420~589)에 이미 갈은 염소고기나 양고기에 파와 소금, 간장, 생강, 후추 등을 첨가하여 창자에 충전하여 Lupcheong(腊腸)을 만들었다는 기록이 있는데, 오늘날 Lupcheong은 돼지고기에 소금과 설탕, 술과 간장 등을 첨가한 후 숙성·건조시킨 건조소시지로 서양의 건조소시지인 살라미와 유사한 제품이다.

소시지의 역사는 앞에서도 언급했지만 3천 년 이상의 역사를 가지고 있는데, 피소시지나 간소시지 등 부산물을 이용한 제품이 소시지 중에서도 가장 오래된 제품으로 알려져 있다. 이러한 이유는 피소시지나 간소시지의 제조 공정이 살라미나 프랑크 소시지의 제조 공정보다 간단하며 쉽게 만들 수 있었기 때문인 것으로 추정되고 있다. 유럽에서는 20세기 초반까지도 농부들이 직접 피소시지나 간소시지를 만들어 먹었다. 그들은 겨울철에 직접 키운 돼지를 직접 도살하여 해체한 후, 다리고기는 소금에 절여 부엌에 매달아 훈연과 건조를 시키거나 그늘진 곳이나 동굴 속에 메달아 숙성을 시키는 방법으로 생햄을 만들고, 나머지 고기들은 삶아서 잘게 다진 다음 피나 간을 섞고 여기에 소금과 몇 가지 양념을 넣어 버무린 다음 깨끗이 씻은 창자에 담아 익히는 방법으로 피소시지나 간소시지를 만들었다. 우리나라에서도 서양의 햄 소시지가 보급되기 이전에 이미 우리나라 전통적인 육제품인 순대가 제조되었는데, 이는 위에서 언급한 서양의 피소시지나 간소시지의 제조와 같은 근거에서 기인 한다고 볼 수 있다.

MEMO

오늘날 우리가 잘 알고 있는 프랑크 소시지는 15세기부터 독일 프랑크푸르트(Frankfurt) 지역에서 애용하던 소시지이다. 미국으로 건너간 독일의 소시지 기술자들에 의해 독일의 많은 육제품들이 미국에 소개되었는데, 이때 알려진 프랑크푸르트 소시지가 미국에서는 짧게 Franks라고 불리게 되었고, 일본이나 우리나라에도 프랑크로 소개되었다. 마찬가지로 비엔나소시지는 오스트리아의 수도인 Vienna(독일어: Wien)에서 처음 생산되기 시작하여 붙여진 이름이다. 실제로 비엔나소시지는 우리나라에서 통용되는 4cm 정도 길이의 미니형 소시지가 아니라 양장에 충전된 15cm 정도 길이의 소고기가 일부 함유된 돈육 소시지이다. 이 제품이 독일어로 Wiener(뷔너)라 표기되는데 근거하여 일본에서는 이 제품을 윈너라 부르고 있으며, 윈너와 구별하여 미니형 소시지 제품을 비엔나라 부른다. 이것이 우리나라에도 그대로 전달되어 윈너와 비엔나로 구분되고 있다.

발효 건조소시지인 살라미는 제조 공정이 길어 생산 중 제품이 상하기가 쉽기 때문에 겨울철과 날씨가 추운 지역에서 주로 생산되었다. 살라미의 역사는 약 250년 정도로 이탈리아 북부지방에서 처음 생산되기 시작하였으며, 이것이 점차 다른 나라로 전파되었다. 그 유명한 헝가리 살라미는 2명의 이탈리아 살라미 제조 기술자가 150년 전 헝가리로 이주하여 그곳에서 살라미를 생산하기 시작하면서부터 전 세계에 알려지게 되었다.

(이상 "한국육가공협회" 참조)

<한국 육가공 산업의 발전사>
- 1915년 일본에 의해 조선축산, 봉천햄이 효시
- 1925년 한국인에 의해 근강축산식품공사 설립
- 6·25동란 후 미군이 주둔하면서 비상식량 속의 런천미트 통조림에 의해 많이 알려짐
- 1960년 대륙축산 등 6개 회사가 100kg에서 4.5톤까지 생산능력을 갖춤
- 1969년 진주햄 설립
- 1970년 한국냉장, 펭귄, 한국식품, 대림식품 설립
- 1980년 제일제당, 롯데햄설립, 냉장유통 시스템 도입, 광고 등으로 시장의 급성장, 변혁기

(이상 "한국육가공협회" 참조)

MEMO

3. 육제품의 종류

육제품의 종류는 나라마다 다르지만, 유럽의 경우 약 1,500여 가지가 있는 것으로 알려져 있다. 햄은 고기의 부위를 그대로 이용하여 가공 처리한 것을 말하며, 소시지는 분쇄한 고기를 이용하여 가공 처리한 제품으로 구분되고 있다. 여기에 가열처리 조건, 훈연, 건조, 숙성, 분쇄 정도, 피나 간 또는 돈피 등 부산물의 이용, 그리고 충전재(케이싱, 천연장, 몰드, 캔)의 재료나 크기에 따라 햄 소시지는 다시 여러 가지로 분류된다.

1) 햄류

(1) 정의

햄류의 정의는 식육을 부위에 따라 분류하여 정형 염지한 후 숙성·건조하거나 훈연 또는 가열처리한 것이거나 식육의 육괴에 다른 식품 또는 식품첨가물을 첨가한 후 숙성·건조하거나 훈연 또는 가열처리하여 가공한 것을 말한다.

(2) 축산물가공품의 유형

① 햄: 식육을 부위에 따라 분류하여 정형 염지한 후 숙성·건조하거나 훈연 또는 가열처리하여 가공한 것을 말한다(뼈나 껍질이 있는 것도 포함한다).

② 생햄: 식육의 부위를 염지한 것이나 이에 식품첨가물 등을 첨가하여 저온에서 훈연 또는 숙성·건조한 것을 말한다(뼈나 껍질이 있는 것도 포함한다).

③ 프레스햄: 식육의 육괴를 염지한 것이나 이에 다른 식품 또는 식품첨가물을 첨가한 후 숙성·건조하거나 훈연 또는 가열처리한 것을 말한다(육함량 85% 이상, 전분 5% 이하의 것).

④ 혼합 프레스햄: 식육의 육괴 또는 여기에 어육의 육괴(어육은 전체 육함량의 10% 미만이어야 한다)를 혼합하여 염지한 것이거나, 이에 다른 식품 또는 식품첨가물을 첨가한 후 숙성·건조하거나 훈연 또는 가열처리한 것(육함량 75% 이상, 전분 8% 이하의 것)을 말한다.

(이상 "식품의약품안전처", 「축산물의 가공기준 및 성분규격」 참조)

MEMO

<표 13> 햄의 분류

햄의 분류		
분류		제품명
열처리	훈연, 건조	
가열햄	Cooked ham: 특정 부위의 고기를 염지 후, 몰드에 넣어 정형하고 열처리한 햄	쿠크드햄, 숄더햄, 후지햄
가열햄	Smoked ham: 염지 후 고기를 무정형 상태로 훈연하고 열처리한 햄	본인햄(Bone in ham), 본레스햄, 숄더햄, 피크닉햄, 카슬러햄, 쿠겔햄, 등심햄, 안심햄, 베이컨
비가열햄 (Raw ham)	Dry cured smoked ham: 건염 후 저온에서 장시간 훈연하며 건조 숙성시킨 햄	본인햄, 누스햄, 락스햄(Lachs Ham)
비가열햄 (Raw ham)	Dry cured ham: 건염 후 저온에서 훈연처리 없이 장기간 숙성시킨 햄. 이탈리아 북부 지방과 스위스, 스페인 등에서 주로 생산	프로슈토(Prosciutto): 파마햄, 산다니엘햄, 코파(Coppa), 코파타(Coppata), 바케테(Baguette), 빈트너 플라이쉬(Bündner Fleisch)

("식품의약품안전처", 「축산물의 가공기준 및 성분규격」)

햄은 영어로 돼지의 넓적다리 및 엉덩이 부위 육을 뜻하는데, 처음에는 이 부위 육을 가지고 육제품을 만들어 햄이라 불렀으나 최근에는 이 부위뿐만 아니라 앞다리, 뒷다리, 등심이나 안심 등을 세절하지 않고 원래 모양 그대로 정형 염지한 후 훈연 숙성하거나 훈연 숙성 후 열처리한 육제품을 의미한다. 이러한 햄은 가공 중 열처리 유무에 따라 가열햄(Cooked ham)과 생햄(Raw ham) 또는 비가열햄으로 구분하고 있다.

「축산물의 가공기준 및 성분규격」을 보면 "햄류는 식육을 부위에 따라 분류하여 정형 염지한 후 숙성·건조하거나 훈연 또는 가열처리한 것이거나 식육의 육괴에 다른 식품 또는 식품첨가물을 첨가한 후 숙성·건조하거나 훈연 또는 가열처리하여 가공한 것을 말한다"고 정의하고 있다.

햄의 종류는 넓적다리 부위를 뼈가 있는 채로 그대로 정형 염지한 후 훈연하거나 열처리한 레귤러햄(Regular ham) 또는 본인햄(Bone in ham)이 있고, 등심부위육을 그대로 이용하여 제조한 등심햄·로인햄(Loin ham) 또는 카슬러(Kassler), 안심부위육을 가공한 안심햄·텐더로인햄(Tenderloin ham), 목등심 또는 어깨등심 부위육을 가공한 피크닉햄(Picnic ham), 어깨부위육을 이용하여 제조한 숄더햄(Shoulder ham), 돼지의 앞다리나 뒷다리 부위로부터 뼈를 발골하고 정형 염지한 후 몰드(Mould)나 케이싱(Casing)에 충전한 후 훈연하거나 열처리한 본레스햄(Boneless ham) 등이 있다.

그 밖에 고기를 주먹 크기 정도로 절단하여 염지제와 함께 혼합 염지한 후 몰드(Mould)나 리테이너(Retainer) 또는 케이싱에 충전시킨 후 훈연 또는 열처리 한 프레스햄(Press ham)

MEMO

이 있다. 유럽에서는 고기를 그라인더 또는 쵸퍼에서 일단 분쇄시킨 후 염지제와 함께 혼합 염지하여 재구성시킨 제품들을 원료육의 초핑 사이즈(Chopping size)나 육제품의 크기에 상관없이 소시지로 분류하고 있으나 우리나라에서는 고기를 5~8mm 정도까지 초핑하여 염지제와 함께 혼합 염지한 후 리테이너나 케이싱에 충전시키고 훈연 또는 열처리하여 절단면에 육입자가 보이는 경우 모두 프레스햄으로 분류하고 있다. 「축산물의 가공기준 및 성분규격」에 의하면 "프레스햄은 식육의 육괴를 염지한 것이나 이에 결착제, 조미료, 향신료 등을 첨가한 후 숙성·건조하거나 훈연 또는 가열처리한 것으로 육함량 85% 이상, 전분 5% 이하의 것을 말하고, 혼합 프레스햄은 식육의 육괴 또는 이에 어육의 육괴(어육은 전체 육함량의 10% 미만이어야 한다)를 혼합하여 염지한 것이거나, 이에 결착제(전체 육함량 중 10% 미만의 알류를 혼합한 것도 포함), 조미료 및 향신료 등을 첨가한 후 숙성·건조하거나 훈연 또는 가열처리한 것으로서 육함량 75% 이상, 전분 8% 이하의 것을 말한다"고 규정하고 있다.

따라서 우리나라에서는 육의 부위를 세절하지 않고 그대로 이용할 경우 햄이라 분류하고 있으며, 육괴나 육을 입자가 있게 초핑하여 염지제와 함께 혼합 염지한 후 리테이너나 케이싱에 충전시키고 열처리하여 절단면에 육입자가 보이는 경우 프레스햄이나 혼합 프레스햄이라 분류하고 있으며, 비엔나나 프랑크와 같이 양장이나 돈장 또는 천연장과 유사한 굵기의 직경이 가는 케이싱에 충전한 제품은 소시지로 분류하고 있다.

생햄은 전지, 후지, 등심이나 안심 등 육괴를 그대로 세절하지 않은 채 소금이나 염지소금에 절인 후 향미를 생성시키기 위하여 건조 숙성 또는 훈연, 건조 숙성시킨 제품으로 상온에서 장기간 저장이 가능하며 열처리하지 않은 채 그대로 먹을 수 있는데, B.C. 160년에 이미 후지로 만든 생햄의 건염법이 소개될 정도로 피소시지와 함께 가장 오래된 육제품으로 꼽을 수 있다. 이러한 생햄은 소금 또는 염지제와 함께 염지한 후 훈연하지 않고 그대로 공기 중에서 장기 건조 숙성시킨 햄(Petaso)과 훈연하면서 건조 숙성시킨 햄(Perna fumosa)으로 나눌 수 있다. 비훈연 장기건조 숙성햄에는 이탈리아의 파마햄(Prosciutto di Parma)과 산다니엘햄(Prosciutto di San Danielle), 프랑스의 사부아햄(Jambon de Savoie), 유고슬라비아의 카르스트햄, 스위스의 뷘트너플라이쉬(Bündner Fleisch), 미국의 컨츄리큐어드햄(Country cured ham), 이집트나 터키 등 모슬렘지역의 파스트라미(Pastrami) 등이 있으며, 훈연건조 숙성햄은 주로 독일지역에서 생산되는데 락스햄(Lachsschinken), 베스트팔리아 본인햄(Westfälischer Knochenschinken), 누쓰햄

MEMO

(Nuß schinken), 함부르크 훈연햄(Hamburger Rauchfleisch), 슈바르쯔발트햄(Schwarzwälder Schinken) 등이 있다.

(이상 "식품의약품안전처", 「축산물의 가공기준 및 성분규격」, "한국육가공협회" 참조)

2) 소시지류

우리나라 「축산물의 가공기준 및 성분규격」에 의하면 "소시지류는 식육을 염지 또는 염지하지 않고 분쇄하거나 잘게 갈아낸 것이나 식육에 조미료 및 향신료 등을 첨가한 후 케이싱에 충전하여 숙성·건조시킨 것이거나, 훈연 또는 열처리한 것으로서 육함량 70% 이상, 전분 10% 이하의 것을 말한다"고 정의하고 있으며, "소시지는 육함량 중 10% 미만의 알류를 혼합한 것도 포함하여 식육에 조미료 및 향신료 등을 첨가한 후 케이싱에 충전하여 숙성 건조 시킨 것이거나, 훈연 또는 가열처리한 것을 말하며, 혼합소시지는 전체 육함량 중 20% 미만의 어육 또는 알류를 혼합한 것도 포함하여 식육을 염지 또는 염지하지 않고 분쇄하거나 잘게 갈아낸 것에 조미료 및 향신료 등을 첨가한 후 케이싱에 충전하여 숙성·건조시킨 것이거나, 훈연 또는 가열처리한 것을 말한다"고 추가하여 정의하고 있다.

즉 소시지류는 햄이나 베이컨 생산을 위한 원료육 정형시 발생되는 잔육이나 이용가치가 낮은 부위육을 원료로 하여 분쇄시킨 후, 여기에 조미료 및 향신료 등을 첨가하고 혼합하거나 사이런트 커터에서 잘게 세절 또는 유화시켜 천연 또는 인조 케이싱에 충전하고 훈연하거나 열처리한 것으로, 우리나라에서는 총 육제품 생산량의 48%를 차지하고 있으며, 햄에 비하여 다양한 맛을 낼 수 있고 저렴한 가격으로 생산할 수 있는 육제품이다. 소시지류는 열처리 정도에 따라서 가열소시지와 비가열소시지로 나누며, 가열소시지는 원료육의 세절 정도에 따라서 입자형 소시지와 유화형 소시지로 구분하고, 간소시지(Liver sausage), 피소시지(Blood sausage), 젤리소시지(Jelly sausage) 등과 같이 부산물을 이용한 부산물 소시지들도 가열소시지류에 속한다. 비가열소시지에는 소시지 육을 양장이나 돈장에 충전하여 열처리를 하지 않은 채 그대로 판매되어 소비자가 기호에 맞게 불에 굽거나 프라이팬에 익혀 먹는 프레쉬 소시지(Fresh sausage)와 장기 저장이 가능하도록 건조시킨 건조소시지(Dry sausage)류가 있다.

(이상 "식품의약품안전처", 「축산물의 가공기준 및 성분규격」 참조)

MEMO

(1) 정의

소시지류라 함은 식육을 염지 또는 염지하지 않고 분쇄하거나 잘게 갈아낸 것이나 식육에 다른 식품 또는 식품첨가물을 첨가한 후 훈연 또는 가열처리한 것이거나, 저온에서 발효시켜 숙성 또는 건조 처리한 것을 말한다(육함량 70% 이상, 전분 10% 이하의 것).

(2) 축산물가공품의 유형

① 소시지: 식육(육함량 중 10% 미만의 알류를 혼합한 것도 포함)에 다른 식품 또는 식품첨가물을 첨가한 후 숙성·건조시킨 것이거나, 훈연 또는 가열처리한 것을 말한다.

② 발효소시지: 식육에 다른 식품 또는 식품첨가물을 첨가하여 저온에서 훈연 또는 훈연하지 않고 발효시켜 숙성 또는 건조 처리한 것을 말한다.

③ 혼합소시지: 식육(전체 육함량 중 20% 미만의 어육 또는 알류 혼합한 것도 포함)을 염지 또는 염지하지 않고 분쇄하거나 잘게 갈아낸 것에 다른 식품 또는 식품첨가물을 첨가한 후 숙성·건조시킨 것이거나, 훈연 또는 가열처리한 것을 말한다.

(3) 가공기준

① 소시지류에서 건조는 수분 35% 이하, 반건조는 수분 55% 이하로 가공한 것을 말한다.

(이상 "식품의약품안전처", 「축산물의 가공기준 및 성분규격」 참조)

MEMO

<표 14> 소시지의 분류

소시지의 분류				
분류				제품명
가열 소시지 (Cooked sausage)	일반 가열 소시지	갈은 고기를 양장이나 돈장, 동일 직경의 콜라겐, 인조 케이싱에 충전한 제품	유화형 소시지 (Emulsion type)	비엔나, 프랑크푸르터, 핫도그, 스트라스부르거(Strassbourger), 뮌헤너(Müchener) 화이트소시지, 복부어스트(Bockwurst)
			조분쇄형 소시지 (Coarse ground type)	폴리쉬소시지(Polish sausage), 레겐스부르거(Regensburger)
		갈은 고기를 양장이나 돈장보다 직경이 큰 케이싱에 충전한 제품	유화형 소시지 (Emulsion type)	리오너(Lyoner), 볼로냐(Bologna), 겔브부어스트(Gelbwurst), 미트로프(Meat loaf)
			조분쇄형 소시지 (입자형) = 프레스햄류	비어소시지(Beer sausage), 약드부어스트(Jagdwurst), 티롤러 소시지(Tiroler sausage), 크라카우서(Krakauer), 미트로프
			육괴가 보이는 소시지 = 프레스햄류	비어햄(Beer Ham), 미트파이, 이탈리아 모타델라(Mortadella)
	부산물 소시지	간소시지(Liver sausage): 간 함량이 10~30% 정도로 빵에 발라먹는 소시지		부라운슈바이거(Braunschweiger), 팰쩌(Pälzer) 간소시지, 리버파테(Liver pate)
		피소시지(Blood sausage)		튀링거(Türinger) 피소시지, 블랙소시지, 순대
		젤리소시지(Jelly sausage): 돈육이나 돈두육을 삶은 후 따로 삶아서 갈은 돈피와 함께 섞어서 케이싱에 충전한 후 열처리한 제품		헤드 치즈(Head cheese), 편육, 프레삭(Preß sack) 쥘쯔(Sülz), 콘드비프(Corned beef), 콘드포크(Corned pork)
비가열 소시지 (Raw sausage)	프레쉬 소시지	양장이나 돈장에 충전하여 바로 불에 굽거나 프라이팬에서 익히는 제품으로 발색제를 첨가하지 않은 제품		뉘른베르거 그릴 소시지(Nürnberger grill sausage), 티롤러(Tiroler) 그릴 소시지, 튀링거(Türinger) 그릴 소시지
	드라이 소시지	유화형 소시지	발라먹는 소시지	테부어스트(Teewurst), 메트부어스트(Mettwurst)
			단단한 소시지	쩨르베랍(Cervelat)
		조분쇄형 소시지	유산균 발효소시지	살라미(Salami), 서머소시지(Summer sausage), 란트예거(Landjäger), 페퍼로니(Pepperoni), 초리죠(Chorizo), 카바노치(Cabanossi)
			곰팡이 발효소시지	살라메티(Salametti), 살라미: 이태리, 헝가리, 스위스, 불란서

("한국육가공협회")

MEMO

<표 15> 육제품의 종류

구분		식육(%)	전분(%)	수분(%)	비고
햄		100 ↑	-	-	껍질과 뼈 포함 가능
생햄		100 ↑			저온 훈연, 숙성, 건조 (껍질과 뼈 포함 가능, 비가열육제품)
프레스햄		85 ↑	5 ↓	-	
건조저장육류		85 ↑	-	55 ↓	식육을 그대로 염지 후 건조하거나 열처리 후 건조한 것
혼합 프레스햄		75 ↑	8 ↓	-	전체 육함량의 10% 미만 어육이 혼합된 것 포함
소시지		70 ↑	10 ↓	-	육함량 중 10% 미만 알류 혼합된 것 포함
발효 소시지	반건조	70 ↑	10 ↓	55 ↓	저온 훈연, 숙성, 건조 (비가열육제품)
	건조			35 ↓	
혼합소시지		70 ↑	10 ↓	-	육함량 중 20% 미만 알류 또는 어육 혼합한 것 포함
베이컨류		100 ↑	-	-	삼겹살, 특정 부위육(등심육, 어깨부위육) 염지 후 훈연하거나 가열한 것
양념육류		60 ↑	-	-	양념육 또는 가열 양념육 천연 케이싱(염장한 것으로 식육 함량 미적용)
분쇄육제품		50 ↑	-	-	장기류는 제외, 햄버거 패티, 미트볼, 돈가스 등으로 미가열 또는 가열 모두 포함하며 냉장 또는 냉동 보관 가능
갈비가공품		-	-	-	뼈 포함 갈비 부위 양념, 훈연, 열처리한 것
식육추출가공품		-	-	-	물 이용 단순 식육추출가공품(원료만 추출), 혼합 식육추출가공품(첨가물 포함), 식육추출가공육 (단일 또는 혼합원료 추출 후 원료추출육)

(진상근)

3) 베이컨류

(1) 정의

돼지고기의 복부 또는 특정 부위의 고기를 정형 후에 염지과정을 거쳐 훈연하거나 열처리한 것을 의미한다.

MEMO

(2) 원료육 부위에 따른 분류

① 로스 베이컨: 등심
② 정통 베이컨: 삼겹살
③ 숄더 베이컨: 앞다리

(3) 제조 시 유의할 점

베이컨류는 원료육 품질이 제품의 품질로 연결되므로 신선한 원료 선택이 중요하다. 특히 삼겹살의 경우 지방의 비율과 질을 중시해야 한다. 즉 지방은 약간 단단하면서 크림색을 보이며, 절단면의 적육과 지방의 비율이 적당하고 근간지방이 균일한 것이 좋다. 또 삼겹살은 중량, 두께, 크기가 일정하며, 혈반이 없는 것으로 선택해야 한다. 베이컨은 염지 후 현수하여 가열하는데 다른 제품과 달리 가열 시에 반드시 훈연과정을 거친다.

4) 분쇄육제품

식육을 세절 또는 분쇄하여 식품첨가물이나 다른 식품을 첨가하여 성형한 것을 말한다. 또한 동결, 절단하여 냉장, 냉동한 것이나 훈연, 열처리 또는 튀긴 것으로서 햄버거 패티, 미트볼, 돈가스 등이 해당된다(육함량 50% 이상의 것).

5) 기타제품

- 포장육: 판매를 목적으로 식육을 절단하여 포장한 상태로 냉장 또는 냉동한 것으로 화학적 합성품 등 첨가물 또는 다른 식품을 첨가하지 않은 것을 말한다.
- 양념육류: 식육에 식품 또는 식품첨가물을 첨가하여 양념하거나 가열처리한 것이다.
- 건조저장육류: 식육을 그대로 또는 식품 또는 식품첨가물을 첨가하여 건조하거나 열처리하여 건조한 수분 55% 이하의 것이다(육함량 85% 이상).
- 갈비가공품: 식육의 갈비 부위(뼈가 붙어있는 것)를 정형하여 향신료 및 조미료 등으로 양념하고 훈연하거나 열처리한 것이다.

(이상 『식육처리기능사 3』 참조)

MEMO

4. 육제품 제조의 원리

1) 염지

1-1) 염지의 목적

과거에는 소금 첨가의 목적이 고기의 저장인 것을 염지라고 하였지만, 현재 염지의 의미는 육제품 제조를 위하여 소금이나 설탕, 질산염, 아질산염을 고기에 첨가하는 것뿐만 아니라 각종 양념, 충전제, 각종 풍미 증진제, 향신료, 인산염, 아스콜빈산 및 결착제 등도 함께 첨가하여 제조하는 하나의 과정을 염지라고 한다. 과거 염지의 목적은 저장성 증진이 주요 목적이었으나 현재는 냉장이나 포장기술의 발달에 따라 소금이 가지는 저장성의 목적은 약해지고, 오히려 가열한 고기의 색을 붉게 만들거나, 염용성 단백질 추출성을 높여 보수성 및 결착성을 증가시킴으로써 생산 수율을 개선하며, 제품만이 가지는 독특한 풍미를 만드는 것 등으로 바뀌게 되었다. 뿐만 아니라 염지 시에 첨가하는 아질산염은 식중독균을 억제하는 목적으로 첨가하게 된다.

1-2) 염지의 종류

(1) 건염법

건염법은 마른 소금만을 이용하거나 또는 아질산염, 질산염을 함께 혼합하여 만든 염지염을 원료육 중량의 10% 정도로 고기 표면에 도포하여 4~6주간 염지하는 방법이다. 고기중량의 4~8% 식염, 1~3% 설탕, 3% 질산염 또는 1.56%의 아질산염을 섞어 만든 염지염을 고기중량의 10% 함량으로 문질러 바른 후 겹겹이 쌓아 놓는다.

염지기간은 2~4℃에서 약 일주일 이상 원료육의 두께에 따라 다르게 실시한다. 염지가 끝난 후에 표면의 묻은 과도한 소금은 씻어내고 다시 냉장실에서 약 20일간 저장하여 조직에 골고루 염 평형을 이루어지게 한 다음 훈연공정으로 넘어간다. 이때 염지 전식육의 7~8% 정도의 감량이 발생한다.

건염지는 제품의 수분함량 감소와 조직이 단단해짐으로 저장기간이 길어지는 장점이

MEMO

있는 반면에 장소와 노력이 많이 필요하여 생산비가 높고, 염지기간이 길어 재고가 많아지며, 최종제품의 풍미가 강한 소금 맛을 가진다는 것이 단점으로 지적된다.

(2) 염지액 주사법

과거에는 액염법을 많이 사용하였으나 현재는 주로 바늘 주사법이나 맥관을 사용하여 조직 안으로 훨씬 균일하고 신속하게 염지액을 분포시키는 염지액 주사법을 많이 사용하고 있다.

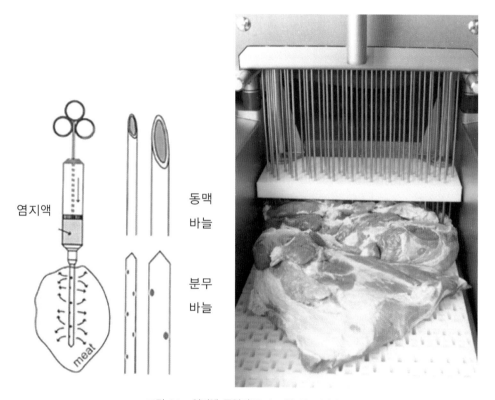

<그림 36> 염지액 주입기(Marianski, Nowicki)

① 맥관 주사법

원료육의 혈관으로 염지액을 주입하는 방법으로 일반적으로 고기중량의 10% 정도를 주입한다. 최종제품 농도의 11배로 염지액 농도를 맞춘다. 맥관 주사법은 주로 햄에 이용하며 염지액으로는 설탕, 소금, 아질산염 및 수율과 보수력 증가를 위해 인산염을 사

MEMO

용한다. 주사 후 염지액이 조직 내에서 평행을 이루도록 냉장에서 최소 1일 정도는 보관 후 가열 및 훈연을 진행해야 한다.

② 바늘 주사법

긴 바늘에 구멍이 여러 개 존재하는 주사기를 이용하여 염지액을 고기 내로 주사하는 방법이다. 맥관 주사법과 주입량과 염지액의 농도는 동일하다. 조직 내에서 염지액이 평형을 이루도록 3~5일간 보관 후 가열 및 훈연공정으로 옮긴다.

(이상 『근육식품의 과학』 참조)

③ 다침 주사법

일정간격으로 수십 또는 수백 개의 주사바늘이 상하운동을 하여 염지액을 고기 내로 주입하는 방법으로 노동력, 재고 및 에너지 비용의 절감이 된다. 원료육이 지나가는 벨트속도와 분당 주사침의 상하운동 횟수에 의해 주입되는 염지액의 양을 조절할 수 있다. 염지액을 주입할 때 주의점은 염지액의 균일한 분포 및 원료육 내 염지액의 농도를 증가시키기 위한 목적으로 주사압력을 증가시키면 근육 간의 간격이 벌어져 염지액 주머니가 형성된다. 훈연가열공정을 진행한 후에도 염지액 주머니는 최종제품에 남아 있으므로 훈연 전에 마사지나 텀블링을 실시하여 염지가 골고루 진행될 수 있도록 한다.

(이상 『식육과학』, 『근육식품의 과학』 참조)

(3) 액염법(침지법)

염지제들을 물에 녹여 염지액을 제조한 후 염지할 원료육을 담가 염지를 이루어지게 하는 방법이 액염법이다. 하지만 크기가 큰 원료육에서는 염지액이 침투하는 속도가 매우 느리기 때문에 부패가 일어나기도 한다. 그렇기 때문에 일반적으로 크기가 작은 원료육에 많이 이용한다. 염지액 성분이 고기 내부로 들어가고 육즙이 빠져나옴에 의해 농도가 낮아지며, 염지액을 재사용할 시 미생물에 오염이 증가할 수 있기 때문에 염지액의 재사용은 가급적 삼가야 한다.

(이상 『식육과학』, 『식육・육제품의 과학과 기술』 참조)

MEMO

(4) 물리적 염지 촉진

① 텀블링

텀블링 통 안쪽에 돌출된 판이나 날개가 있어 수직, 수평 또는 비스듬히 회전을 할 때 고기가 벽에 부딪치는 비교적 강한 물리적 처리에 발생되는 충격에너지에 의해 근섬유가 파괴되어 단백질 추출과 내부 온도 증가에 의한 염지를 촉진한다.

② 마사지

마사지는 텀블링보다는 강하지 않은 공정으로 통 속에 있는 수직이나 수평형 날개가 서서히 회전하여 고기의 표면들이 서로 비벼지게 하는 방법이다. 이때 발생하는 마찰에너지를 통해 근육 내에 존재하는 근원섬유단백질의 추출을 촉진시키고 마사지를 통한 근육의 운동에 의해 생성된 내부 열의 발생으로 염지액의 흡수를 증가시켜 염지과정을 촉진한다.

③ 혼합기

쌍축으로 달린 날개에 의해 고기를 교반하는 방법으로 강력한 기계적 작용으로 고기에 에너지를 가하게 되므로 단시간 혼합 후 장시간으로 기계를 작동하는 방법으로 운영된다. 원료육을 혼합 후 냉장실에 보관하였다가 수 시간이 지난 후에 다시 혼합하여 용기에 충전한다.

(이상 『식육과학』, 『근육식품의 과학』 참조)

1-3) 염지에 사용되는 원료

(1) 소금

소금은 가장 기본이 되는 염지재료로 식육의 저장효과를 증가시켜줄 뿐만 아니라 맛에도 큰 영향을 미친다. 삼투작용의 원리에 의해 근육조직 내에 염이 침투되며, 소금은 물에 용해하여 사용하는데 이 소금물을 피클이라도 한다. 피클은 근육조직 안에서 육단백질과 염 복합체를 생성하여 물을 흡수하고 염용성 단백질을 추출하여 유화력을 증진시킨다.

MEMO

(2) 아질산염과 질산염

아질산염과 질산염은 착색제가 아닌 가열 후 육제품의 색을 붉게 유지하기 위하여 첨가되는 색을 고정시키는 물질이다. 첨가량이 많아질수록 육색의 고정효과가 증진되지만 약 20~50ppm의 아질산염이면 충분히 선홍색으로 육색을 고정시킬 수 있다. 아질산염은 질산염이 포함된 소금에서 고기를 저장하기 위해 유래되었다. 질산염은 미생물에 의해 아질산염으로 환원이 되고 환원이 된 아질산염이 고기의 색을 유지한다. 질산염이 환원되는 데 필요한 시간 및 조건으로 인하여 20세기부터 아질산염을 사용하였다.

강력한 독성성분으로 아질산염의 일일섭취 허용량은 체중 1Kg당 0~0.2mg으로 정해져 있고 아질산염의 사용 허가 기준은 나라마다 조금씩 차이가 있지만 일반적으로 70~200ppm 정도이고 질산염의 경우 250~500ppm 정도이지만 나라에 따라서 2,000ppm까지도 허용한다. 우리나라는 일본과 같이 육제품 내에서의 아질산 이온 잔존량 70ppm 이하로 아질산염의 사용기준이 정해져 있다. 열처리에 의하거나 에르소빈산이나 아스코르빈산에 의해 아질산염의 잔존량은 첨가량의 10% 이하로 떨어질 수 있다. 아질산염이 강력한 독성성분이지만 육가공에 사용하는 이유는 여러 가지가 있는데 그 중 식중독균인 보툴리눔균(*Clostridium botulinum*)균 등 미생물에 대해 항균효과가 매우 뛰어나며, 지질에 작용하여 지방산화를 지연시키고 독특한 염지육색과 풍미를 형성한다.

(이상 『식육과학』, 『축산식품학』, 『식육·육제품의 과학과 기술』 참조)

(3) 설탕(감미제)

감미제로 쓰이는 설탕은 제품의 맛을 증진시키고 짠맛을 완화시키는 역할을 한다. 제조되는 형태 및 제품에 따라 가열에 의해 아미노산과 작용하여 표면의 색을 갈색화하는 데 기여하기도 한다. 또한 맛을 좋게 만들고 염의 수렴성을 중화시키고 염지육의 pH를 낮추어 육색을 좋게 만든다.

(4) 아스콜빈산과 에르소르빈산

아스콜빈산은 비타민 C로 육가공에 있어서 염지촉진, 육색유지, 항산화제, 미생물 성장억제 또는 산도 조절제 등의 목적으로 사용된다. 또한 아스콜빈산은 발암물질의 하나인 니트로사민의 형성을 억제하는 효과가 있다.

MEMO

에르소빈산은 산화방지제로 식품이 상하는 것을 방지한다. 식품에는 거의 모두 사용할 수 있고 사용량의 제한이 없어 약간의 신맛이 있지만 육류 및 어류 등에 발색 보조제로 사용된다.

(5) 인산염

육제품 제조 시 오래전부터 인산염이 염지에 사용되어 왔으며, 인산염은 최종 제품에 0.5% 이상, 염지액 제조 시에도 5% 이상을 초과하면 안 된다. 인산염은 육제품의 풍미 증진에 기여하며, 보수력을 증진시키기 때문에 육제품의 수분 손실을 감소시켜 연도와 다즙성이 개선되며, 결착력을 증가시킨다. 또한 염지육의 육색을 개선시키고 균일하게 하며 안정시킨다. 그리고 저장기간 동안 아스콜빈산염과 함께 작용하여 항산화작용을 한다.

(6) 향신료와 풍미제

향신료와 풍미제는 종류가 다양하며 육제품에 독특한 풍미를 제공하며 크게 용해성과 비용해성으로 분류된다. 이것들을 건염 시에는 표면에 문지르거나 식육에 주입을 한다. 많이 사용되는 향신료는 후추, 계피, 양파, 육두구, 마늘 등을 많이 사용한다.

(7) 물

육가공에서 물은 다양한 효과를 가지고 있다. 물은 설탕, 소금, 인산염, 아질산염 등의 염지재료를 용해시키며, 열처리 중에 감소하는 수분을 보정해 주고 제품의 수분함량과 다즙성을 유지시켜준다. 원료육의 수분함량보다 더 많은 물을 첨가하면 생산되는 육제품의 양을 늘려 생산비를 절감할 수 있다.

2) 세절, 유화 및 혼합

세절, 유화 및 혼합 공정은 원료육의 형태를 그대로 유지하는 햄류나 베이컨류와 같은 육제품의 제조 시에는 불필요한 공정이지만, 소시지류, 프레스햄류와 같은 분쇄 육제품 제조에 있어서는 필수적인 공정이다. 세절은 원료육을 균일하게 세절하여 혼합을 용이하

MEMO

게 하는 공정으로 그라인더(Grinder), 사일런트커터(Silent cutter), 콜로이드밀(Colloid Mill), 마이크로커터(Micro cutter) 등의 기계들을 주로 사용한다. 혼합은 세절된 원료육과 함께 향신료, 조미료 등의 부재료를 첨가하여 혼합하는 공정으로 소시지류는 사일런트커터(Silent cutter)를 사용하고, 프레스햄류는 믹서(Mixer)를 사용한다. 세절과 혼합은 소시지류와 같이 조직이 안정된 유화기질을 요구하는 제품의 제조에 있어 중요하게 작용한다.

(이상 『식육과학』, 『식육·육제품의 과학과 기술』 참조)

2-1) 분쇄

분쇄는 혼합을 손쉽게 하기 위해 그라인더(Grinder)와 같은 분쇄기로 덩어리 형태의 고기를 균일한 크기의 입자로 만드는 공정이다. 분쇄공정에서 분쇄 정도는 원료육의 온도와 분쇄기의 플레이트(Plate)의 구멍직경과 칼날의 수에 영향을 받는다. 분쇄 후 원료육의 크기는 플레이트(Plate) 직경보다 훨씬 작은 입자는 존재하지 않기 때문에 분쇄 시 이를 고려해야 한다. 또한 원료육의 온도가 높거나 분쇄 시 발생하는 마찰로 인해 온도가 상승하게 되면 보수력이 저하될 수 있으므로 유의해야 한다. 분쇄 전 원료육은 4℃ 이하에서 냉장 보관하고, 분쇄 시 온도가 10℃ 이상이 되지 않도록 하는 것이 바람직하다.

2-2) 세절과 혼합

세절과 혼합은 원료육, 지방, 얼음 및 부재료를 배합하여 만들어지는 소시지류 육제품 제조의 중요한 공정으로 주로 사일런트커터(Silent cutter)를 사용한다. 세절을 통해 원료육과 지방의 입자를 매우 작은 상태로 만들어 교질상의 반죽상태가 된다.

세절 과정에서 용해된 단백질들이 지방구의 표면을 둘러싸 안정제로 작용하여 지방구들이 분리되는 것을 막아 고기 유화물의 안정성을 부여하게 된다. 세절 과정에서 먼저 분쇄된 원료육과 소금을 사일런트커터(Silent cutter)에서 미세 절단한 후 얼음물을 넣어 높은 염농도로 인해 근원섬유단백질의 팽윤과 용해를 촉진시킨다.

식육이 세절되면 근형질막이 파괴되면서 근원섬유가 보다 쉽게 염이온들과 반응하게 되고, 더욱 미세하게 세절되면서 초원섬유로 분해되어 액토 마이오신(Acto myosin)의 팽윤성이 증가되면서 식육의 보수력이 향상된다. 절단에 의해 염용성 단백질이 용출되면, 지방과 부재료를 결합시키는 작용을 한다. 혼합 중 온도가 증가되기 때문에 첨가하는

MEMO

물을 대신하여 얼음을 첨가하여 온도를 조절한다. 유화형 소시지류의 육제품의 경우 혼합시간과 온도, 사용된 기계들의 조건에 따라 품질이 좌우되는데, 미세절단 시 기계의 속도와 온도는 가열 후 제품의 수분과 지방의 누출에 영향을 준다. 세절과 혼합 공정 중에 사일런트커터(Silent cutter) 날로 인해 열이 발생하기 때문에 세절 시간과 온도, 수분 첨가 등에 대한 주의를 기울여야 하며, 원료육의 온도가 10℃ 이상이 되지 않도록 하는 것이 바람직하다.

(이상 『식육처리기능사 3』, 『식육과 육제품의 과학』 참조)

<그림 37> 사일런트 커터(MPBS, Catercare)

2-3) 유화

육제품 제조에서 유화는 섞이지 않는 두 물질 물과 기름(고기지방)을 단백질을 이용하여 하나의 물질로 혼합시키는 공정을 말한다. 고기유화물은 용해된 단백질과 물이 지방구 주변을 둘러싸 주형(Matrix)을 형성한 것을 말한다. 고기에서 용해된 단백질은 유화제의 역할을 하며, 교질상의 안정된 상태를 이루기 때문에 지방구 표면에 안정제로서 작용하여 지방구들이 분리되는 것을 막아준다. 형성된 유화물은 열처리에 의해 고정할 수 있는데 가열단계에서 단백질의 주형이 지방구 주변을 둘러싼 형태로 이루게 된다. 물과 지방은 계면으로 인해 서로 섞이지 않지만 단백질은 물과 지방 모두와 결합할 수 있으므로 잘게 세절된 지방구막을 단백질이 둘러싸고 그 단백질과 물이 결합함으로써 안정된 유화물을 형성할 수 있다. 유화물의 특징을 갖는 육제품 반죽을 형성하기 위해서는 원료육, 지방, 물, 소금을 혼합한 후 매우 빠른 속도의 미세절단이 필요하다. 고기반죽의 형성은

MEMO

먼저 단백질의 팽윤을 통해 점성 주형을 형성하는 것이 있다. 두 번째는 단백질이 물을 흡수하면서 형성되는 것으로 가용성 단백질, 지방구와 물의 유화가 일어나게 된다. 육제품 제조 시 소금의 존재하에서 앞서 형성된 단백질 젤은 수분을 흡수하여 팽윤되어 점성 주형을 형성한다. 고기반죽 내에 주형의 형성은 유리수를 고정하여 가열 도중 수분 손실을 방지하고, 지방구들이 용해되어 유착되는 것을 방지하여 최종제품의 조직을 안정시키는 데 도움을 준다. 일반적으로 소시지와 같이 지방의 함량이 높은 육제품 제조 시에는 유화공정이 필요하고 햄(본인햄, 프레스햄)류는 유화공정을 필요로 하지 않는다.

(이상 『식육과학』, 『식육처리기능사 1』 참조)

<그림 38> 유화 친화도(진상근)

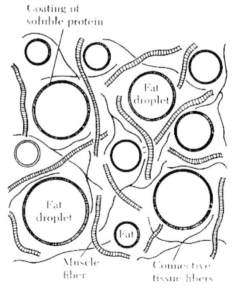

<그림 39> 유화물 현미경 미세구조(『Principles of meat science』 참조)

MEMO

2-4) 유화물 형성 시 재료 투입 순서 및 비율

고기와 기타 염지제 및 비육류 단백질, 얼음을 나누어 투입하고 마지막에 전분을 투입하면서 세절한다. 단, 배합 시 지방이 많아지면 상대적으로 수분 함량이 적어져야 유수분리 방지가 가능하다. 배합비의 유수분리 예측은 P:4P:4P+10으로 예측할 수 있다. 유수분리란 가열 후에 육제품에서 물과 기름이 서로 분리되는 현상을 말하며, 염지 또는 유화 공정이 충분하지 못하거나 원료육의 변질 또는 가열공정(급격한 온도 또는 압력의 변화)의 문제 등으로 인해 발생한다. 유수분리를 방지하기 위해서는 수분을 함유할 수 있는 최소한의 단백질을 필요로 한다. 유수분리를 방지하기 위한 최소한의 수분, 지방 및 단백질의 함량은 아래의 표와 같다. 즉 단백질 P, 지방 3P, 수분 4P+10이 적절한데, 단백질 함량을 1로 보았을 때 지방함량은 단백질의 3배까지 가능하고 수분의 함량은 단백질의 4배에 더하기 10%까지 배합이 가능하다.

<표 16> 최저가 배합비 [법적 및 품질조건 충족 전제]

구분	비율			구성비(%)				
	단백질 (P)	지방 (F)	수분 (M)	살코기	지방	얼음	복합 염지제	소계
예시 1	P	3P	4P+20	47.56	31.90	16.64	3.90	100
예시 2	P	3.5p	4P+15	47.71	37.82	10.58	3.90	100
예시 3	P	4P	4P+10	47.83	43.75	4.52	3.90	100

(진상근)

<표 17> 배합비의 유수분리 예측

구분	구성비(%)	원료 내 함량(%)			비고
		단백질	지방	수분	
살코기	50	10	2.5	37.5	P 20, F 5, M 75%
지방	20	-	16.4	3.6	P, F 82, M 18%
물	20	-	-	20	P, F, M 100%
기타	10	-	-	-	
합계	100	10	18.9	61.1	

(진상근)

MEMO

* Pearson 계산법

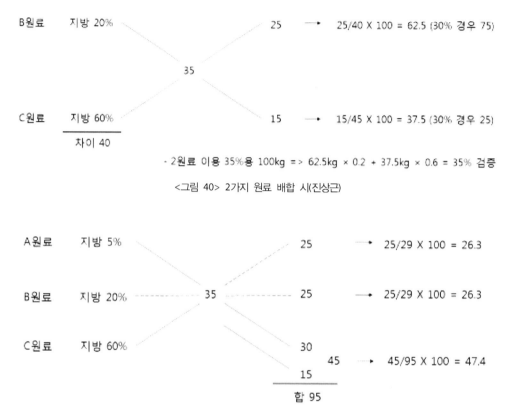

<그림 40> 2가지 원료 배합 시(진상근)

- 3원료 이용 35%용 100kg => 26.3 × 0.05 + 26.3 × 0.20 + 47.4 × 0.60 = 35% 검증
- 지방이 높은 순으로 아래로 표기하여 (단. 중간 원료의 지방이 목표 지방보다 높을 시는 역으로 배치) 계산하며, 제일 하단 60% 대해서 35%와 차(25%)를 지방이 낮은 2개에 적용하여 계산

<그림 41> 3가지 원료 배합 시(진상근)

3) 첨가제 및 부원료

(1) 발색보조제

육류 발색보조제는 식육 제품 염지 시에 질산염과 아질산염과 같은 발색제와 병용하여 육류의 발색을 촉진하는 물질이며, 주로 아스콜빈산, 에리소르브산 등이 있고, 소시지, 햄 등과 같은 어육류 제품에 많이 사용된다. 이러한 발색보조제를 첨가하면 발색제의 효능을 증대시켜줄 수 있다.

MEMO

(2) 보존제

보존제는 미생물에 의해 식품이 변질되는 것을 막기 위해 사용되는 첨가물로 흔히 방부제라고 한다. 사용이 허가된 보존료로는 디히드로초산류, 소르빈산류, 안식향산류, 파라옥시안식향산에스테르류, 프로피온산류 등 13개 품목 30여 종이다. 보존료는 미생물의 오염정도, 식품의 pH, 열처리, 용해도 등의 영향을 받는다. 햄, 소시지와 같은 육제품에는 주로 소르빈산과 소르빈산칼륨이 사용된다.

(3) 품질개선제

품질개선제는 햄, 소시지와 같은 식육 연제품의 결착성을 높임으로써 씹는 느낌을 좋게 한다. 가장 많이 사용되는 품질 개량제인 인산염은 육류 단백질의 보수력을 증가시켜 육제품의 다즙성과 끈기를 좋게 한다.

(4) 풍미증진제

풍미증진제는 식품의 맛과 향을 향상시키기 위한 목적으로 육제품 제조 시 첨가하는 첨가물을 말한다. 주로 후추, 스파이스, 시나몬, 훈연액, 양념분말, 조미료, 식물성 단백질 가수분해물 등이 사용되고, 소비자들의 기호성을 증가시킬 수 있다.

<그림 42> 풍미증진제(Psseasoning, Tistory)

MEMO

4) 충전

4-1) 케이싱 방법

소시지 제조 과정 중 세절과 혼합이 끝난 소시지 반죽은 훈연 가열 처리를 위해 충전기에 옮긴 후 원하는 직경의 용기에 충전시켜 결착 공정을 거친다. 이렇게 반죽을 담아 형태를 만들어주는 용기를 케이싱이라고 한다. 케이싱의 종류에 따라 소시지의 크기와 모양은 결정되고, 가공·저장 기간 동안 내용물이 팽창·수축하는 과정에서 용기가 터지거나 변형되지 않을 수 있도록 신축성·수축성이 뛰어난 소재를 사용해야 한다. 또한 케이싱은 육제품의 저장기간에 크게 영향을 미칠 수 있으며, 제조 과정에서 내용물의 무게를 견딜 수 있을 만큼의 강도를 가져야 한다. 소시지나 햄 제조 시 사용되는 케이싱은 크게 천연 케이싱과 인공 케이싱으로 분류된다.

(이상 『식육과학』, 『식육생산과 가공의 과학』 참조)

4-2) 케이싱 종류

(1) 천연 케이싱

천연 케이싱의 주성분은 콜라겐으로 인공 케이싱이 개발되기 전에는 소, 돼지 등 가축의 창자와 소화관, 방광 등을 세척하여 가공한 동물성 케이싱만을 사용하였다. 천연 케이싱은 가식성이며 통기성이 있어서 수분과 연기가 자유롭게 투과되어, 내용물의 수분이 건조되기 때문에 이 과정에서 케이싱이 함께 소시지 표면에 밀착되어 형태를 유지시킨다. 소시지를 충전한 후 가열시키는 초기에는 내용물이 건조되며 연기가 투과되어 풍미를 증진시키고, 적당히 열이 가해진 후 수축이 일어나면 내용물을 익히는 가열을 시작한다. 냉동 저장을 할 경우 천연 케이싱이 터져 나올 수 있기 때문에 보통 냉장 저장을 한다. 천연 케이싱은 고급스러운 느낌을 가질 수 있기 때문에 고급 육제품 제조에 이용되기도 하지만, 미생물 오염으로 인해 유통기한이 짧은 단점이 있다.

MEMO

<그림 43> 돈장 케이싱(New tech)

(2) 인공 케이싱

① 셀룰로오스 케이싱

셀룰로오스 케이싱은 목재 펄프나 코튼 린터(Cotton linter) 등에서 글리세린·물을 이용하여 추출시켜 제조할 수 있다. 이 케이싱은 직경과 길이를 균일하게 제조할 수 있으며, 취급이 간편해 청결한 육제품을 제조할 수 있게 만들어준다. 또한 케이싱 자체에 색을 입히는 것이 가능해서 소비자에게 제품에 대한 좋은 인상을 남길 수 있게 한다. 이러한 셀룰로오스는 통기성 재질로써 훈연이 가능하고 수분을 함유하였을 때 연기와 수증기 투과도가 증가하므로 사용 전 물을 묻혀주는 것이 필수이며, 먹을 수 없기 때문에 조리 후 껍질을 벗겨주어야 한다.

(이상 『근육식품의 과학』 참조)

<그림 44> 셀룰로오스 케이싱(Mblsa)

MEMO

② 콜라겐 케이싱

콜라겐 케이싱은 육제품용 케이싱으로 독일에서 개발하여 전 세계에서 가장 흔한 케이싱의 한 종류로 천연 케이싱과 함께 사용되고 있다. 콜라겐 케이싱은 돼지 껍데기, 소 껍데기의 진피층을 분해하여 페이스트(Paste)상으로 만든 후 다시 튜브상으로 성형하여 주름진 형태로 만든 것을 말한다. 통기성이 있는 가식성 케이싱으로 훈연 시 연기 침투와 수분 등이 자연스럽게 케이싱을 통과하여 좋은 품질의 소시지를 만들 수 있으며, 보존성이 있고 기계화 작업 시 핸들링이 손쉽기 때문에 품질이 일정하다. 일부 콜라겐 중에서도 직경이 큰 케이싱은 먹을 수 없는 비가식성도 있기 때문에 혼동하지 않아야 한다.

(이상 『근육식품의 과학』 참조)

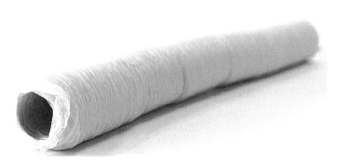

<그림 45> 콜라겐 케이싱(New tech)

③ 플라스틱 케이싱

플라스틱 케이싱은 식용할 수 없는 케이싱 중의 하나로 플라스틱을 소재로 한 필름 케이싱이다. 보통 염화비닐리덴, 염화비닐, 폴리프로필렌, 폴리에틸렌 등을 혼합하여 만들어지며 이 과정에서 인체에 무해한 가소제, 안정제 등을 혼합하기도 한다. 열을 가했을 때 공기가 압출되어 육류가 필름에 달라붙어 포장을 제거할 시 약간의 손실이 생길 수 있지만, 우수한 수분조절이 가능하므로 전체적인 수율은 높아질 수 있다. 비통기성, 비가식성이지만 내열성이 뛰어나고 수축성도 있기 때문에 케이싱 이외에 외장 포장재로 사용되기도 하며, 미생물 오염을 방지할 수 있기 때문에 취급이 편리한 장점도 있다.

(이상 『근육식품의 과학』 참조)

MEMO

④ 화이브러스(Fibrous) 케이싱

큰 직경의 육제품 제조에 사용되는 화이브러스 케이싱은 셀룰로오스를 기본 재료로 하여 내벽에 종이층을 입힌 후 동물성 콜라겐이나 식물성 섬유를 조합시켜 제조한다. 화이브러스 케이싱은 다양한 색상과 직경으로 생산이 가능하며 직경이 균일하고 인쇄, 결찰, 절단 및 주름 작업이 가능하다. 또한 냉장 보관이 요구되지 않고, 훈연과 수증기 투과성이 있는 장점이 있으나 비가식성인 단점을 가지고 있다. PVDC를 입히지 않은 화이브러스 케이싱은 통기성이기 때문에 훈연이 필요한 발효 육제품, 큰 직경의 소시지 또는 햄류에 주로 사용되고 PVDC를 입힌 케이싱은 비통기성이기 때문에 훈연을 필요하지 않는 소시지 또는 햄류 등에 이용된다. PVDC가 안쪽에 입혀진 케이싱은 가열 후 케이싱을 쉽게 벗겨낼 수 있다. 화이브러스 케이싱은 충전 작업 전에 25~39℃의 물에 최소 30분에서 최대 8시간 정도 담근 후 사용하지만, 이때 미생물 오염에 유의해야 한다. 화이브러스 케이싱에 충전한 후 가열 처리된 제품은 냉장 보관하기 전 실온에서 냉각시켜야 겉에 주름이 잡히는 현상을 방지할 수 있다.

(이상 『식육·육제품의 과학과 기술』 참조)

<그림 46> 통기성 무색 화이브러스 케이싱(Butchers-Sundries)

MEMO

5) 열처리 및 훈연

(1) 훈연의 효과

훈연은 목재를 불완전 연소시켜 발생한 연기를 이용하여 제품에 보존성을 높이고, 육색을 향상시키며, 풍미를 만들고, 산화를 방지시키는 것이 목적인 단계이며, 육제품은 훈연을 통해 독특한 향기가 제품에 부착되어 훈연 특유의 풍미를 가지게 되며, 제품 표면에 갈색의 색조도 뚜렷하게 나타난다. 이러한 훈연 과정과 가열 과정은 동시에 실시할 수 있으며, 훈연 과정을 실시하는 동안 염지를 통해 발색된 염지육색은 가열을 통해 완전히 안정화될 수 있다. 훈연은 연기 성분 중 페놀성 화합물이나 포름알데하이드, 유기산 등이 가지는 항균작용에 의하여 표면 미생물을 감소시켜 균의 번식을 억제하고 저장기간을 연장시킬 수 있다. 또한 공정 중 표면의 수분증발과 수지 막 형성이 미생물의 내부 침투를 방지하기 때문에 균의 성장을 억제하는 데 중요한 역할을 한다. 훈연은 또한 연기 중 페놀성 화합물이 강한 항산화작용을 하기 때문에 지방을 많이 함유한 육제품의 산화를 억제함으로써 훈연 제품의 저장기간을 연장시킨다.

(이상 『식육과학』, 『식육생산과 가공의 과학』 참조)

(2) 연기의 성질

연기의 구성은 입자 형태의 눈에 보이는 성분과 가스 형태의 눈에 보이지 않는 성분으로 이루어져 있다. 훈연 재를 태울 때 발생하는 연기는 고기의 향미와 보존성에 큰 영향을 주며, 이들 유효성분들은 훈연재의 종류와 연소온도와 연소시간 등에 따라서 좌우된다. 연기발생에 이용되는 나무는 수지 함량이 적고 방부성 물질의 발생량이 많으며, 향기가 좋은 것이 적합하다. 보통은 단단한 목재를 사용해야 하기 때문에 히코리나무, 참나무, 밤나무, 도토리나무 등을 이용하며, 나무가 아닌 옥수수속, 왕겨 등을 쓰기도 한다. 침엽송 종류인 가문비나무나 소나무 등은 진을 함유하기 때문에 쓴맛을 내어 잘 사용하지 않는다. 훈연 연기성분으로 중요한 것은 크게 페놀류, 유기산, 카보닐 화합물 및 알코올 등이 있다.

(이상 『식육과학』, 『식육생산과 가공의 과학』 참조)

MEMO

· 페놀류

훈연성분 중 페놀류는 20여 종류가 있는데, 대표적으로 구아이아콜, 4-메틸구아이아콜, 4-에틸구아이아콜, 4-비닐구아아콜, 4-프로필구아이아콜, 유게놀, m-크레졸, o-크레졸, p-크레졸, 바닐린 등이 있다. 이들 페놀류는 항산화작용, 방부작용, 발색과 풍미를 증진시키며 정균작용 등의 효과가 있다. 페놀성분은 특히 제품 깊숙이 침투하지 못하고 제품 표면에 영향을 미치므로 표면 미생물의 발육을 억제하는 효과가 있다.

(이상 『식육처리기능사 2』 참조)

· 유기산

탄소수가 1~10개인 유기산류는 수증기 증류분획에 탄소수 1~4개인 아세트산, 프로피온산, 포름산, 부티르산 그리고 이소부티르산 등이 있고, 입자상에는 카프로산, 카프릴산, 카프르산, 발레르산, 이소발레르산, 헵틸산, 노닐산 등이 있다. 유기산은 제품의 산성화에 기여하여 방부성을 증가시키고 풍미 증진의 효과가 있으며, 표면 단백질의 변성을 촉진하여 케이싱이 쉽게 벗겨지게 한다.

· 카보닐

알데히드류와 케톤류를 포함하는 카보닐 화합물들은 아미노기와 결합을 통하여 색소를 생산하기 때문에 제품의 색을 황금색으로 만들어주며 풍미에도 영향을 끼치고 냄새 등에 큰 영향을 미친다. 특히 포름알데하이드 성분은 미생물 성장 억제에도 효과가 있다.

· 알코올

훈연성분 중에 함유되어 있는 알코올류는 메탄올을 비롯한 1차 알코올, 2차 알코올 및 3차 알코올 등이 있으나 훈연공정 중 가열산화에 의해 유기산류로 변화된다. 알코올류의 기능은 다른 휘발성 물질들의 전구체 역할이 있고, 다른 성분들을 운반하여 제품 내부에 침투할 수 있도록 돕는 역할이 있다.

MEMO

(3) 훈연 방법

• 냉훈법

주로 드라이 소시지 제조에 쓰이는 방법으로 10~30℃의 낮은 온도에서 장시간 훈연하는 방법이다. 돈지의 융점보다 낮은 온도에서 1~3주에 걸쳐 장기간 훈연하게 되는데, 이 방법을 사용할 경우 수분이 약 40%까지 매우 감소하여 중량 감소가 크지만 제품의 저장성이 증가하여 1개월 이상 보존이 가능하다.

• 온훈법

30~50℃의 비교적 낮은 온도범위에서 수행되는 훈연법으로 이전에 1차적으로 60~90℃의 온도로 가열하여 표면을 응고시킨 후 진행되기도 한다. 이 방법의 경우 향미가 매우 좋아지지만 이용되는 온도가 미생물이 성장하기 좋은 온도 범위이기 때문에 급격한 미생물 증식이 일어날 수 있어 가공 시 주의를 기울여야 한다.

• 열훈법

보통의 훈연법과는 다르게 50~80℃의 고온의 범위에서 훈연하는 방법으로, 높은 온도에서 진행되기 때문에 제품 표면의 단백질이 강하게 응고되어, 제품 내부에 상대적으로 많은 수분을 함유하기 때문에 최종 제품이 수분감이 있는 탄력적인 제품이 완성될 수 있다. 비교적 짧은 시간이 걸리기 때문에 인건비가 적게 들지만, 급속도로 이루어진 훈연이므로 좋은 품질의 풍미를 생성하기는 어렵다.

• 액훈법

훈연재를 태워서 발생하는 연기에서 추출한 액체 또는 목재에서 추출한 목초액을 훈연액이라 한다. 액훈법은 이러한 훈연액에 아질산염, 소금 등을 녹여 고기를 염지시키는 방법이다. 훈연액은 연기 성분을 만드는 나무 종류나 정제법에 따라 그 품질이 매우 상이하게 나타난다. 훈연 시 발생하는 연기에는 몸에 해로운 물질인 타르, 포름알데하이드와 같은 성분이 있기 때문에 이들을 제거하고 제품의 보존성과 풍미를 높이는 성분만을 함유하도록 정제하는 것이 중요하다. 액훈법은 이렇게 만들어진 훈연액을 제품의 표면에 분사하거나, 희석하여 직접 주입하는 방법을 사용하여 이루어진다.

(이상 『식육과학』, 『근육식품의 과학』 참조)

MEMO

5. 햄, 소시지, 베이컨 등의 제조 방법

레귤러햄 제조	소시지 제조	베이컨 제조	생햄 제조
원재료	원재료	원재료	원재료
↓	↓	↓	↓
원료육 절단	원료육 절단	원료육 절단	원료육 준비
↓	↓	↓	↓
원료육 다지기	원료육 다지기	염지액 제조	염지제 제조
↓	↓	↓	↓
염지 믹싱	염지 믹싱	염지액 투입	염지
↓	↓	↓	↓
숙성	숙성	열처리	1차 숙성
↓	↓	↓	↓
가공 믹싱	가공 믹싱	포장	세척
↓	↓	↓	↓
충전	유화	제품	2차 숙성
↓	↓		↓
정형	충전		세척
↓	↓		↓
열처리	정형		포장
↓	↓		↓
포장	열처리		제품
↓	↓		
제품	포장		
	↓		
	제품		

<그림 47> 육제품의 제조 공정

MEMO

1) 레귤러햄

- 배합비(2.5kg 원료육 기준)

원료	투입량(g)			비율(%)	비고
	염지 혼합	가공 혼합	총량		
햄육	**2,500**	-	2,500	74.3	10,000
지방	-	450	450	13.4	1,800
물(얼음)	200	100	300	8.9	1,200
햄스파이스	-	27	27	0.8	108
리갈브라인 믹스	30	-	30	0.9	120
핵산조미료	9	-	9	0.3	36
인산염	5	-	5	0.2	20
소금	30	-	30	0.9	120
설탕	15	-	15	0.4	60
합계	2,789	577	3,366	100.1	

- 레귤러햄 제조 공정

단계	사진	세부설명
사전준비		제조를 시작하기 전, 제조실 소독 및 비닐 포장 등 위생 점검을 한다. 작업자는 반지, 시계, 귀걸이, 목걸이 등을 착용할 수 없으며, 네일 폴리쉬는 모두 지우고, 머리카락은 모자 안으로 넣어야 한다. 모든 장비는 매 과정마다 세척을 하며, 작업대는 알코올과 비닐백으로 깨끗이 유지한다.

MEMO

단계	사진	세부설명
원료육 절단		원료육 고기는 돼지 뒷다리 등을 사용한다. 가식부위의 불필요한 지방을 제거하며 가로, 세로 1~2cm 크기로 절단한다. 이 과정은 고기를 쵸퍼에 넣기 위해 적절한 크기로 자르는 과정이다.
원료육 무게 측정		필요한 원료육의 양을 측정한 뒤, 포장용기 등에 넣어 냉장 보관한다.
원료육 다지기		쵸퍼를 이용하여 원료육을 더 잘게 분쇄하고, 자른 고기는 냉장 보관한다. 햄의 경우, 50%는 분쇄하고, 50%는 덩어리 형태로 준비한다.

MEMO

단계	사진	세부설명
염지 믹스 무게 측정		염지 믹싱 시 사용할 시즈닝과 얼음의 무게를 측정한다. 햄에는 리갈브라인믹스, 핵산조미료, 인산염, 소금 및 설탕을 넣는다.
염지 믹싱		믹서를 이용하여 20분간 염지 믹싱한다. 이때 원료육의 온도가 15℃ 이상 올라가지 않도록 낮은 온도를 유지해준다.

MEMO

단계	사진	세부설명
염지 완료		염지 믹싱이 완료되었다면 믹서에서 고기를 빼낸다.
염지 숙성		염지믹싱이 끝난 고기는 냉장고에서 24시간 이상 염지 숙성이 필요하다.
가공 믹스 무게 측정		가공 믹싱에 필요한 햄스파이스와 얼음, 지방을 표를 참고하여 무게를 측정한다.

MEMO

단계	사진	세부설명
가공 믹싱		하루 동안 숙성시킨 염지육에 햄스파이스, 얼음을 믹서에 넣고 20분간 믹싱하며, 이때 5분 간격으로 믹서 안을 주걱으로 정리한다. 미리 측량하여 준비한 지방을 추가로 넣어주며 염지육의 온도가 15℃ 이상 올라가지 않도록 한다.
케이싱 준비		케이싱(Fibrous)은 30cm 정도로 잘라 결찰기를 이용하여 한쪽 끝을 묶는다. 준비한 케이싱의 안과 밖에는 기름이 소량 묻어 있을 수 있기 때문에 흐르는 물에 깨끗하게 세척한 후 물기를 제거하여 준비해둔다.

MEMO

단계	사진	세부설명
충전		충진기를 이용하여 원료육을 케이싱에 충진시킨다. 이때 충진기 안에 공기층이 생기지 않도록 눌러주며 넣는다. 충진기 입구에 케이싱을 넣어준 후, 충진기를 돌리며 원료육을 충진한다. 충진은 케이싱의 끝을 묶을 수 있을 만큼 여유롭게 남기고 충진한다.
정형		케이싱의 반대편은 실이나 결찰기를 이용하여 결찰한다. 끈으로 묶을 경우 가득 차지 않은 케이싱이 적당히 단단해질 수 있도록 아래 방향으로 돌려가며 묶어준다. 결찰이 끝난 케이싱의 양 끝과 실을 적당한 길이로 잘라준다.

MEMO

단계	사진	세부설명
정형		
열처리		가열기를 이용하여 햄을 가열하는데 이 때 제품을 너무 겹겹이 쌓으면 맞닿은 부분이 익지 않을 수 있으므로 주의한다. 가열 조건은 65℃에서 40분, 75℃에서 60분, 80℃에서 30분, 100℃에서 40분으로 케이싱이 터지지 않게 단계적으로 진행한다.
포장		익은 제품은 케이싱을 벗기고 적당한 크기로 잘라 포장한다.

MEMO

2) 소시지

- 배합비(2.5kg 원료육 기준)

원료	투입량(g)			비율(%)	비고
	염지 혼합	가공 혼합	총량		
소시지 원료육 (지방이 많은 잡부위 등)	2,500	-	2,500	72.8	10,000
지방	-	500	500	14.6	2,000
얼음	150	150	300	8.7	1,200
소시지 스파이스	-	24	24	0.7	96
리갈 브라인믹스	50	-	50	1.5	200
핵산조미료	9	-	9	0.3	36
인산염	5	-	5	0.2	20
소금	30	-	30	0.9	120
설탕	15	-	15	0.4	60
합계	2,760	674	3,343	100	

- 소시지 제조 공정

단계	사진	세부설명
사전준비		제조를 시작하기 전, 제조실 소독 및 비닐 포장 등 위생 점검을 한다. 작업자는 반지, 시계, 귀걸이, 목걸이 등을 착용할 수 없으며, 네일 폴리쉬는 모두 지우고, 머리카락은 모자 안으로 넣어야 한다. 모든 장비는 매 과정마다 세척을 하며, 작업대는 알코올과 비닐백으로 깨끗이 유지한다.

MEMO

단계	사진	세부설명
원료육 절단		원료육은 돼지 뒷다리나 잡부위 등을 사용한다. 먼저 불필요한 지방을 제거하며 가로, 세로 1~2cm로 절단한다. 이 과정은 고기를 쵸퍼에 넣기 위해 적절한 크기로 자르는 과정이다.
원료육 무게측정		필요한 원료육의 양을 측정한 뒤, 포장재 등에 넣어 냉장 보관한다.
원료육 다지기		쵸퍼를 이용하여 원료육을 더 잘게 분쇄한다. 자른 고기는 냉장 보관한다.

MEMO

단계	사진	세부설명
염지 믹스 무게 측정		염지 믹싱 시 사용할 시즈닝과 얼음, 지방의 무게를 측정한다. 소시지에는 리갈 브라인 믹스, 핵산조미료, 인산염, 소금, 설탕을 넣는다.
염지 믹싱		믹서를 이용하여 20분간 염지 믹싱하며, 고기의 온도가 15℃ 이상 올라가지 않도록 유지한다.

MEMO

단계	사진	세부설명
염지 완료		염지 믹싱이 완료되었다면 믹서에서 고기를 빼낸다.
염지 숙성		염지 믹싱이 끝난 고기는 냉장고에서 24시간 이상 염지 숙성이 필요하다.
가공 믹스 무게 측정		가공 믹싱에 필요한 소시지 스파이스와 얼음, 지방을 표를 참고하여 무게를 측정한다.

MEMO

단계	사진	세부설명
가공 믹스 무게 측정		
가공 믹싱		하루 동안 숙성시킨 염지육에 소시지 스파이스, 얼음을 믹서에 넣고 20분간 믹싱한다(필요에 따라 유화공정으로 바로 진행할 수도 있다). 이때 5분 간격으로 믹서 안을 주걱으로 정리한다. 미리 측량한 지방을 추가로 넣어주며 염지육의 온도가 15℃ 이상 올라가지 않도록 유지해준다.
유화		혼합한 원료육은 사일런트 커터를 이용하여 고기 입자가 보이지 않을 때까지 유화공정을 거친다.

MEMO

단계	사진	세부설명
유화		사일런트 커터로 잘게 분쇄한 (유화공정) 원료육의 형태는 사진과 같다.
케이싱 준비		냉동된 돈장을 물에 녹인 후 깨끗한 물로 두세 번 세척해준다. 적당한 길이로 잘라 엉키지 않도록 준비해둔다.

MEMO

단계	사진	세부설명
충전		충진기를 이용하여 돈장에 유화물을 충진한다. 유화물을 충진기에 채울 땐 공기가 들어가지 않도록 눌러주며 넣는다. 돈장을 사용하기 직전 깨끗한 물을 넣어 돈장 안을 세척과 동시에 적셔준다. 충진기 입구에 돈장이 꼬이지 않도록 10cm 정도 끝을 남기고 넣어준 후, 충진기를 돌리며 충진한다. 처음에는 충진기 내부의 공기가 빠질 수 있도록 돈장 케이싱의 끝부분을 묶지 않고 매듭할 수 있는 부분을 남기고, 적당히 단단하게 유화물을 충진시킨다.
정형		소시지의 적당한 크기를 잡고 두 검지손가락으로 지그시 눌러 엄지를 이용해 가운데 부분을 돌려준다. 소시지가 충진된 부분까지 성형해주고 끝부분을 매듭지어 준다. 소시지가 풀리지 않도록 묶어준 부분 끼리 다시 한 번 말아준다.

MEMO

단계	사진	세부설명
정형		
열처리		물이 끓기 시작하면 소시지를 넣고 10분 이상 삶아준다. 잘라보았을 때 내부가 핑크빛이 사라지고 균일한 색상을 보여야 고루 익은 것이다.
포장		소시지를 마디마다 잘라주고 마무리 부분을 깨끗이 정리해준다. 포장용기에 담아 포장한다.

MEMO

3) 베이컨

- 베이컨 제조 공정

단계	사진	세부설명
원료육 준비		원료육은 삼겹살을 사용한다. 고기를 너무 크게 자르면 염지가 잘 되지 않으므로, 적당한 크기로 잘라 준다.
염지액 제조		시즈닝은 1:1:1의 비율로 만들어야 한다. 염지액(15%): 베이컨 시즈닝 50g, 리갈 브라인 믹스 50g, 소금 50g을 물 500ml에 섞어 준비한다.
염지액 투입		염지액 주입기를 이용하여 삼겹살 안쪽에 염지액을 넣어주고, 24 시간 동안 4℃ 냉장고에서 숙성한 후 흐 르는 물에 씻은 다음 훈연/가열 한다.
열처리		훈연기를 이용하여 60℃에서 30분 간 건조 후, 65℃에서 40분 훈연한 다. 그 후 90℃에서 90분 동안 가열 한다.

MEMO

4) 생햄

- 생햄 제조 공정

단계	사진	세부설명
원료육 준비		뼈를 포함한 돼지 다리는 위쪽 부분의 껍질을 제거한다.
염지제 제조		염지제는 소금과 설탕의 비율이 1:0.5이다.
염지		염지제를 돈육 1kg당 1g의 비율로 표면에 도포하고 비벼준 후 소금에 묻어둔다.
1차 숙성		돼지고기 1kg당 24시간 염지가 필요하다. 즉 10kg의 원료육이면 대략 10일 정도의 염지기간이 필요하다.
세척		깨끗한 물에 10시간 이상 담근 후, 다시 깨끗한 물에 3시간 이상 담근다(이 과정에서 오염이 발생할 가능성이 있으면 생략가능).
2차 숙성		물기를 제거한 후 숙성온도 15~20℃, 습도 80~90%를 유지하면서 1년간 건조 숙성시킨다.

4장

식육의 포장

1. 포장의 기능과 역할

식육의 포장이란 식육이 생산되어 최종적으로 유통, 소비, 섭취될 때까지 식육의 품질에 영향을 미칠 수 있는 물리적, 화학적, 생물학적 및 위생적 요인에서부터 식육을 안전하게 보호하여 식육의 저장성을 높이고, 취급을 용이하게 만들기 위한 수단으로 정의할수 있다.

식육은 포장 상태에 따라 포장된 식육의 영양, 품질, 안전성, 취급의 용이함 등이 달라지기 때문에 식육 산업에 있어 포장의 역할은 매우 중요하다. 또한 1인 생활 인구가 증가하는 요즘, 소비자들은 식육의 간편한 조리와 이용을 위해 포장의 소분화를 추구하고있다. 뿐만 아니라 홈쇼핑과 인터넷 쇼핑 문화의 발달로 식육의 배달이 더욱 중요하게되고 있기 때문에 다양한 포장 종류의 개발과 저장성 향상을 위한 식육 포장의 기술 발전이 요구되고 있다.

(이상 『식육의 과학과 이용』 참조)

1) 식육 포장 시 고려해야 할 사항

식육의 포장 및 저장·보관과 관련하여 미생물 성장에 영향을 미칠 수 있는 요인으로초기 미생물수, pH, 산소, 저장온도, 포장재의 가스투과도, 상대습도, 보수력 또는 육색등이 있다. 이러한 요인들은 포장방법에 따라 조절할 수 있으므로 미생물 오염을 억제하여 유통기한을 연장시키고, 수분의 증발을 효과적으로 방지하여 식육의 중량 감소를 줄일 수 있다. 포장 방법에 따라 발생할 수 있는 육질의 차이는 주로 포장지 내의 가스 조성 차이에서 기인되는데, 이것은 육색에 영향을 미치는 저장 기간 동안 미생물 오염의 정도와 미생물의 종류를 결정한다. 또한 공기 중의 산소가 포장지를 통과하여 고기 표면에닿게 되면 호기성 미생물 성장이 증가하는 반면, 공기가 통하지 않는 진공 포장의 경우 혐기성 미생물의 성장이 증가할 수 있다. 진공 포장은 호기성 미생물의 성장을 억제시켜 식육의 저장기간을 증가시킬 수 있는 장점이 있으나 식육에 물리적인 압력을 가하여 수분이삼출되는 단점이 있으며, 적색육에서 색을 검게 변성시키는 부작용이 발생할 수 있다.

(이상 『식육과학』, 『식육의 과학과 이용』 참조)

MEMO

2) 식육 포장의 효과

생축을 도살하여 제품으로 생산하는 최종 단계는 포장이다. 이 과정은 포장식품으로서의 여러 가지 새로운 효과와 기능적 특성을 가지게 된다. 포장된 식육은 포장되지 않은 식육에 비해 저장 기간 중 생성될 수 있는 미생물에 의한 부패나, 해충에 의한 식육의 손상을 줄일 수 있다. 또한 산소와 같은 가스 형태의 이물질이나 광선의 조사에 따른 지방, 단백질의 산패나 변패를 막아줄 뿐만 아니라 수분이 증발함으로써 발생하는 질량의 감소와 식육 표면의 건조, 풍미 성분의 유출, 외부의 압력으로 인한 손상을 억제하는 데 반드시 필요한 것이 포장이다. 이러한 일련의 과정들은 결국 식육의 저장성을 연장시켜준다. 또한 식육의 포장을 통해 일정한 크기와 중량을 가진 제품으로 규격화가 가능하며, 가볍고 견고성을 갖추게 되어 유통, 수송 및 판매 단계에서 취급의 용이성을 부여할 수 있다. 뿐만 아니라 판매나 소비단계에서는 내용물을 보이게 함으로써 자유로운 구매를 유도하고, 휴대가 간편하며, 그리고 제품의 정보(중량, 성분, 가격, 제조회사 및 제조일 등)를 표기하여 소비자의 신뢰도를 높일 뿐 아니라 광고효과로 인하여 구매의욕을 향상시킬 수 있다.

(이상 『식육과학』, 『식육·육제품의 과학과 기술』 참조)

2. 포장의 종류(내포장)

1) 도체의 포장

도체는 냉장 또는 수송 중 외부로부터 오염을 방지하고 수분증발로 인한 중량이 손실되는 것을 줄이기 위해 포장을 한다. 포장재는 PE, PP, PVC로 이루어진 얇은 두께의 필름이나 마대 등이 사용된다. 이러한 필름들은 수증기 기체 투과성은 높으나 수증기 투과성이 낮으므로 포장을 실시하기 전에 도체를 충분히 냉각시켜야만 육표면과 포장재의 사이에 응축수를 방지할 수 있다. 포장할 때 응축수가 생성되면 4℃에서도 세균이 성장할 수 있으므로 식육의 중심온도를 적어도 5℃ 이하로 냉각하는 것이 매우 중요하다.

MEMO

2) 랩 포장(단순 포장)

일반적으로 가장 널리 사용되는 식육의 포장 방법은 보관용기에 식육을 담고 산소투과도가 높은 포장재인 연질 PVC, LLDPE, PE, cellophane 등의 얇은 랩 포장재로 감싸는 방식이다. 식육의 저장기간은 초기 미생물 오염정도와 저장온도에 따라 결정되는데, 랩 포장의 경우 포장 방법이 간단하고 비용이 저렴하다는 장점으로 널리 이용되고 있으나, 냉장 온도에서도 변색이 빠르고 저장기간이 길어지면서 육즙이 삼출되며, 슈도모나스(*Pseudomonas*) 같은 호기성균의 성장이 촉진되어 부패취를 발생하는 등 저장기간이 진공 포장에 비해 짧다는 단점이 있다. 통기성이 좋은 랩 필름을 이용하여 식육을 포장하더라도 필름을 통해 유입되는 산소의 양은 식육 자체 효소나 미생물들의 호흡작용에 의해 소비되는 양보다 적기 때문에 일정시간이 지나면 포장 내의 산소분압이 떨어지고, 그 결과로 고기표면에서 2~5mm 깊이에서부터 메트마이오글로빈(Metmyoglobin)이 생성되고, 이 메트마이오글로빈이 차차 식육 표면으로 이동하여 최종적으로는 식육 표면도 갈색으로 변하게 된다. 랩 포장의 경우 5℃ 정도의 저온에서 보관된 경우에도 보통 3~5일이 경과하면 신선도를 잃고 상품가치가 하락하게 된다. 따라서 랩 포장방법은 저장성 향상의 효과는 크게 기대하기 힘들고, 단기간 동안 사용할 때 유통의 효율적 측면과 취급이 용이하다는 점, 단기간 동안 수분증발 방지 등의 측면에서 효용가치가 있다.

(이상 『식육과학』, 『식육·육제품의 과학과 기술』 참조)

<그림 48> 랩 포장(Distrocat, Photovalet)

MEMO

3) 진공 포장

랩 포장 방법의 단점을 보완하여 제품의 저장성을 조금 더 높일 수 있도록 개선된 포장법이 바로 진공 포장이다. 진공 포장은 밀봉 전에 포장 용기 내의 공기를 제거하여 내부의 잔류 기압을 10~20mbar까지 낮추는 방법이다. 일반적으로 그 목적은 내부의 산소를 제거하여 육제품의 주요 부패 미생물인 호기성균의 성장을 억제시키고, 지방의 산패를 막아 식품의 수명을 연장시키는 것에 있다.

또한 진공 포장은 식육 내 휘발 성분의 증발을 방지할 수 있다. 그러나 저장기간 동안 진공 포장 내 산소농도가 급격히 낮아지고, 미량으로 남은 산소마저 미생물이나 근육 세포의 호흡에 이용되어 산소분압은 계속 감소하게 된다. 그 결과, 옥시마이오글로빈은 디옥시마이오글로빈으로 변화하고 육색은 선홍색에서 적자색으로 변한다. 적자색의 육색은 소비자가 선호하지 않는 육색이지만, 진공 포장을 개봉한 후 고기가 대기 중 산소와 접촉하게 되면 디옥시마이오글로빈이 옥시마이오글로빈으로 변하고 육색은 다시 선홍색으로 돌아오는데, 이를 홍색화(Blooming)라고 한다. 홍색화의 속도는 고기의 신선도와 육의 부위, 주위온도 등의 요인에 따라 달라질 수 있다. 진공 포장을 개봉한 후 홍색화를 통해 육색이 다시 선홍색으로 돌아올지라도, 진공 포장육은 적자색을 띄고 물리적 압력에 의해 모양이 변형될 뿐 아니라, 고기로부터 유리되는 육즙의 양이 증가하는 등 여러 단점이 있다. 진공의 물리적 압력에 의해 고기 바깥으로 빠져 나온 삼출물은 육질에 영향을 미쳐 소비자의 기호도를 감소시킬 뿐 아니라 경제적인 문제를 발생시킬 수 있다.

진공 포장은 고기의 저장성 증진이라는 측면에서 가장 효과적인 포장 방법으로 간주될 수 있으나, 고기의 품질 측면에서는 바람직하지 못한 측면이 많은 방법이다. 진공 포장을 사용할 경우 포장에 사용되는 필름의 투과도에 따라 미생물의 성장률이 크게 영향을 받을 수 있다. 산소와 이산화탄소 투과도가 높은 필름에 비해 낮은 필름으로 포장할 경우 미생물 호흡에 의한 이산화탄소의 증가로 인해 부패 미생물의 성장을 크게 억제시킬 수 있다. 진공 포장에 사용되는 포장재의 특성은 크게 수축형과 비수축형으로 나눠진다. 수축형은 물을 이용하여 진공 포장된 제품의 온도를 높게 올린 다음, 단시간에 차갑게 식혀 일어나는 포장재의 수축 기능을 이용하여 제품의 진공 효능을 증대시키는 포장 방법이다. 수축 포장은 매끈한 외관, 제품 밀착성과 취급의 용이성 등의 장점이 있으며 PP, PVC, PVDC, EVA 등의 필름이 사용된다. 비수축 포장은 보통 PE, PVDC 그리고 나일론 등의 복합필름을 사용한다.

(이상 『식육과학』, 『식육의 과학과 이용』 참조)

MEMO

<그림 49> 진공 포장(Flygood, Vacuum-packaingbag)

4) 가스 치환 포장(MAP)

가스 치환 포장(Modified atmosphere packaging, MAP)은 포장하는 용기 안의 공기를 모두 제거한 뒤 단일 성분의 가스나 여러 가지가 혼합된 가스를 대신 채워 넣은 포장을 말하며, 보통 2~3가지의 가스를 혼합하여 이용한다. 이 방법은 진공 포장의 단점을 보완하기 위해 만들어진 방법으로 식육의 자가 호흡속도를 늦추기 때문에, 미생물 성장을 감소시키고, 효소에 의한 오염을 지연시킬 수 있어, 포장재 내의 공기 조성을 변화시킨다.

이렇게 변화시킨 가스 조성의 비율에 따라 제품의 품질이 달라질 수 있다. 이러한 가스는 제품 표면에 기생할 수 있는 미생물의 종류나 성장 속도 등을 제어할 수 있으며, 이러한 효과는 마이오글로빈의 산화에도 영향을 주기 때문에 식육·육제품의 육색이 보존되는 기간과 유통·저장 기간을 증가시키는 좋은 방법이라고 볼 수 있다. 보통 이러한 가스 치환 포장에는 산소, 이산화탄소, 질소를 사용하며 이 세 가지 가스의 비율을 적절히 혼합하여 사용한다.

(이상 Parry, 1993 참조)

(1) 산소

산소의 역할은 육색소인 마이오글로빈의 상태를 옥시마이오글로빈으로 고정시켜 소비자들이 선호하는 육색인 선홍색을 유지하는 것이다. 혐기성 미생물들의 성장을 억제하기 위해 산소가 사용되기도 하는데, 이러한 경우 직접적인 저장성 증진의 효과는 얻을

MEMO

수 없으며, 오히려 산소 농도가 높아지게 되면 호기성 미생물들이 성장하여 보존기간이 짧아진다. 가스 치환 포장에서 산소를 소량 사용하는 목적은 육색을 향상시키는 것인데 미생물의 성장 억제에는 이용되지 못하고 육색소와 작용할 수 있는 최소한의 사용이 권장되고 있다.

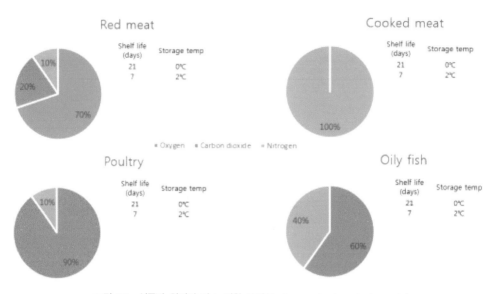

<그림 50> 식품별 최적의 가스 치환 포장(Ventus packaging, Andrenauta)

(2) 이산화탄소

이산화탄소는 호기성 미생물 성장 억제 목적으로 가장 많이 사용된다. 이산화탄소의 이러한 효과에 대해 약 100년 전부터 알려져 왔으며, 식육에 적용은 1930년대부터 호주나 뉴질랜드에서 영국으로 수출되는 고기의 수송에 이용되었다. 이산화탄소가 식육 표면의 부패균 성장을 억제하는 기작은 먼저 포장 용기 내에 첨가된 이산화탄소가 육 표면에 존재하는 수분에 용해되어 식육의 pH를 저하시켜 미생물의 성장을 억제시키고 미생물 효소의 활성을 감소시키기 때문이다. 또한 세포막의 수분을 제거시켜 세포로 유입되는 수용성 물질의 경로를 차단시키는데 이러한 작용은 세포막 투과성의 변화를 통해 미생물의 신진대사를 억제하여 미생물의 성장을 억제시킨다.

MEMO

(3) 질소

대기 성분 중 가장 높은 비율(78%)을 차지하고 있는 불활성 기체인 질소는 보통 산소 대체 혹은 희석을 위한 충진제로 사용되거나 포장의 형태를 유지하기 위해 이용된다. 하지만 질소는 미생물 성장 억제와 육색의 변화에 영향을 미치지 못하는 것으로 알려져 있다. 식육의 유통과정에서 적절한 육색을 발현시키고 미생물 성장의 억제를 통하여 저장성을 연장하는 포장방법은 가스 치환 포장 방법이라 할 수 있는데, 치환되는 가스 중 질소를 통해 물리적 압력으로 증가되는 삼출물과 외관상 문제를 해결하고, 산소를 통해 진공 포장 조건에서 일어나는 육색의 적자색화를 방지하며, 이산화탄소를 통해 저장성을 개선시키는 것이다. 그러나 가스 치환 포장 방식은 혼합가스 사용으로 인하여 포장 단가가 상승하고 진공 포장에 비해 부피가 크기 때문에 더욱 많은 공간을 요구한다는 문제점이 있다. 이러한 이유로 아직까지는 높은 가격의 냉장 브랜드 한우육 등에 제한적으로 사용되고 있다.

(이상 『식육과학』 참조)

<표 18> 식품별 최적의 가스 치환 조성

Product	Oxygen(%)	Carbon dioxide(%)	Nitrogen(%)
Red meat	60~85	15~40	-
Cooked/cured meats	-	20~35	65~80
Poultry	-	25	75
Fish(White)	30	40	30
Fish(Oily)	-	60	40
Salmon	20	60	20
Hard chees	-	100	-
Soft cheese	-	30	70
Bread	-	60~70	30~40
Non-dairy cakes	-	60	40
Dairy cakes	-	-	100
Pasta(fresh)	-	-	100
Fruits and vegetables	3~5	3~5	85~95
Dried/roasted foods	-	-	100

(Parry)

MEMO

5) 수축 밀착 포장

수축 밀착 포장은 한 개 혹은 그 이상의 물품을 수축 필름으로 밀봉한 후 필름에 열을 가해 수축시켜 제품의 형태를 고정시키고 유지시킬 수 있는 포장 방법을 말한다. 필름이 수축하여 진공 형태로 포장되기 때문에 원형·사각형 등 정해진 형태가 아닌 독특한 모양의 제품을 포장할 때 유용하다. 이렇게 제품 하나를 개별 포장하는 경우, 소비자가 제품을 판단하기 쉽고 외관상 좋은 품질과 맛을 판단하는 기준이 될 수 있기 때문에 소비를 촉진시키는 효과를 보여줄 수 있다. 또한 포장을 개봉할 경우 수축된 필름 사이에 공기층이 형성되므로 제품이 개봉되었는지 쉽게 확인할 수 있는 포장 방법이다. 이 포장 방법의 외관은 진공 포장과 매우 유사하지만 필름이 수축할 때 내부 공기를 배출할 수 있는 탈기공이 있는 것이 차이점이며, 완전한 밀봉 포장은 아니다.

<그림 51> 수축 밀착 포장(TDI)

6) 무균화 포장

무균화 포장이란, 균이 완전히 통제된 공간인 무균실에서 내용물을 충진하여 포장 시 내용물을 부패시킬 수 있는 균이 방지되어 육제품의 유통기한을 연장시킬 수 있는 포장을 말한다. 제품의 제조부터 살균 과정을 거친 것이 아니므로 완전한 무균 포장과는 조금 다르기 때문에 상온에서의 유통은 미생물 오염의 위험이 있지만, 초기의 균수를 최소한으로 만들어주었기 때문에 저온 유통 시에 제품의 유통 기한을 늘려줄 수 있는 포장 방법이다.

MEMO

3. 포장의 종류(외포장)

<표 19> 단층 필름

· 폴리에틸렌(Polyethlene: PE)	
 (Copybook)	- 에틸렌을 중합하여 제조한다. - 저밀도, 중밀도, 고밀도 초고분자량 폴리에틸렌 등이 있으며, 저밀도는 유연성과 산소투과성이 좋고, 고밀도는 내열성이 좋다. - 접착성, 인쇄성이 좋지 않다. - 생육의 랩 포장, 냉동육의 진공 포장, 가스 포장 시 봉합 면, 레토르트 포장재의 봉합 면에 사용한다.
· 폴리프로필렌(Polypropylene: PP)	
 (Sarahbioplast)	- 프로필렌을 중합하여 제조한다. - 성형법에 따라 무연신 폴리프로필렌, 연신 폴리프로필렌으로 나누어진다. - 다른 수지에 비해 비중이 적어(0.82~0.92) 물에 뜨고 경첩 힌지성(Hinge)이 우수하다 (100만 회 이상). - 폴리에틸렌보다는 가벼우며 내열성도 좋지만, 낮은 온도에서는 폴리에틸렌보다 잘 부서진다. - 무연신 폴리프로필렌은 레토르트용 포장재의 봉합 면, 연신 폴리프로필렌은 랩 포장, 수축 포장, 냉동 포장 시에 사용한다.
· 염화비닐(Polyvinyl chloride: PVC)	
 (Viplast)	- 비닐클로라이드(Vinyl chloride)를 중합하여 제조한다. - 혼합 염화비닐과 날화 염화비닐이 있다. - 연질 PVC 투명성이 좋고, 산소투과성이 좋다. - 접착성이 뛰어나지만 소재의 용출가능성이 있어 사용이 제한된다. - 랩 포장, 스트레치 필름 등으로 사용된다.

MEMO

· 폴리염화비닐리덴(Polyvinylidene chloride: PVDC)

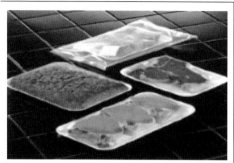
(Sorbentsystem)

- 염화비닐을 중합하여 제조한다.
- 염화비닐과 염화비닐리덴의 혼성중합체로 합성된 비율에 따라 종류를 구분할 수 있다.
- 공기와 수분의 차단성이 높고, 투명하며 열 수축성이 뛰어나지만 가격이 비싼 것이 단점이다.
- 튜브 형태로 제조되기도 하며, 어육 연제품 및 훈연을 할 수 없는 소시지 포장에 이용한다. 얇은 막 형태로 제조되어 진공 또는 가스 치환 포장의 재료로 사용되기도 한다.

· 폴리스티렌(Polystyrene: PS)

(Osservatorioantitrust)

- 벤젠과 에틸렌을 반응시켜 중합하여 제조한다.
- 무기약품과 알코올에 내성이 있다.
- 인쇄성과 내한성이 양호하며, 산소와 수분 투과성이 높다.
- 다양한 형태로 성형이 가능하여, 생육이나 육제품의 포장 시 용기를 제조할 때 사용한다.

· 폴리아마이드(Polyamide: PA)

(TER)

- 아민과 카르복실산의 아마이드(Amide) 결합 형성에 의해 제조되며, 윤활제, 산화방지제, 결정핵제 등을 첨가하거나 다른 폴리머와의 혼합을 통해 여러 등급으로 제조할 수 있다.
- 나일론(Nylon)이라고도 불리며, 공기차단성, 냉열성, 내한성, 및 성형이 우수하다.
- 진공 및 가스 치환 포장 시 사용되며, 냉동제품의 포장용으로도 사용된다.

· 셀로판(Cellophane)

(Alibaba)

- 셀룰로오스 하이드레이트(Cellulose hydrate)로 제조한다.
- 광택이 있고 투명하며 인쇄성이 좋다.
- 습기에 매우 약하고 열접착성이 없는 것이 단점이다.
- 식육이나 육제품의 포장에 많이 사용하지만 폴리프로필렌으로 많이 대체되는 추세이다.

MEMO

<표 20> 수축성 필름(Contractile film)

- 연신 과정에서 배열된 상태로 장력을 걸어 냉각시켜 제조한다. 이는 필름으로 만든 주머니를 뜨거운 물에 침지하거나, 수증기를 내뿜거나, 적외선을 조사해서 순간가열을 하여 급격히 수축시키면 밀봉성·밀착성이 좋은 포장을 만든다.
- 다양하게 필름을 가열하는 과정을 통해 내부구조가 풀리며 필름이 수축하는 원리를 이용하여 포장을 한다.
- 진공 포장, Cryvac, Videne, Raynolon 등에 사용한다.

<표 21> 다중접착 필름(라미네이트 필름)

- 종이, 알루미늄, 플라스틱 필름 등의 2종 이상의 포장재를 서로 조합하여 적층 또는 코팅하여 제조한다. 이는 단체 재질 포장재로서 기능성을 개선시킬 수 있으며, 주로 진공 포장 시 포장재로 사용된다.
- 예를 들어 인쇄성이 좋지만 산소투과도가 높은 포장 재질 외부에 놓고 안전성이 높고 산소 투과도가 낮은 포장 재질은 내부에 놓는 방식으로 2중으로 적층해서 포장하면 두 가지 포장재의 단점을 서로 보완해줄 수 있다.

<표 22> 알루미늄

(Korean.plastic-packagingbags)

- 0.5mm 알루미늄 판을 압연기를 이용하여 수차례 압연하여 제조한다.
- 공기와 수증기의 투과성이 낮아 광선차단성이 좋기 때문에 건조제품 포장 시에 유용하다.
- 내열·내한성, 성형성이 뛰어나다.
- 알루미늄 자체에는 열 봉합성이 없다.
- 폴리에스터나 폴리프로필렌 등을 함께 적층시켜 장기 보관용 포장재로 사용한다.

<표 23> 종이와 카톤(Carton)

(AMS)

- 각종 필름 및 화학 처리를 하여 제조한다.
- 합성수지가 개발되기 전 단순히 제품을 싸는 용도로 사용되었다.
- 수분과 지방 침투에 약하기 때문에 차단을 위해 왁스나 파라핀을 도포하기도 했으며, 비닐 등을 이용하여 이중 포장한다.

(이상 『식육과학』, 『식육처리기능사 3』 참조)

5장

식육의 저장

1. 식육의 냉장, 냉동 저장

1) 식육의 냉장

식육은 수분 함량이 높고 많은 양의 영양분과 여러 가지 구성 성분을 포함하고 있기 때문에 쉽게 부패가 발생할 수 있다. 따라서 식육을 장시간 보존하여 유통, 판매하기 위해서는 저장 방법이 매우 중요하다. 식육의 가장 일반적인 저장 방법은 포장 한 이후 냉장 조건 또는 냉동 조건하에서 저장하는 것이다.

(1) 도체의 냉각

도축이 완료된 도체는 보통 내부온도가 약 39℃ 내외이며, 고품질의 육질을 유지하기 위해서는 도축직후 즉시 냉각시켜 약 6℃ 이하로 만드는 것이 바람직하다. 도축이 완료된 도체는 냉장실보다 높은 온도이기 때문에 냉장실에 곧바로 다량 입고시키면 냉장실이 하중을 많이 받을 수 있다. 그렇기 때문에 효율적인 냉장을 위해서는 도체를 -4℃∼0℃의 예냉실에서 냉각시킨 후 냉장실에 입고시키는 것이 바람직하다. 도체는 일반적으로 이분체 또는 사분체 형태로 냉각한다. 냉각은 주로 도체 온도를 급속히 0℃ 부근으로 떨어뜨리고, 도체 표면의 수분을 적당히 제거하여 수분함량이 낮은 피막을 형성시킨다. 냉각된 도체의 육색은 소비자들이 선호하는 선홍색이 되고, 지방이 단단히 경화되어 외견상으로 품질이 향상되어 보일 뿐만 아니라, 절단 또는 발골 작업도 쉬워진다. 일반적으로 도체의 냉각은 송풍식 냉각방법에 의해 이루어진다. 송풍식 냉각방법은 냉각장치를 통해 찬 공기를 불어넣는 방법으로 냉각속도는 냉각실의 온도와 풍속, 도체의 크기, 온도, 피하지방의 두께, 비열 등에 의해 결정된다. 하나의 도체일지라도 부위별에 따라 냉각속도가 달라진다. 지방이 많거나 근육이 많은 부위는 그렇지 못한 도체 부위보다 냉각속도가 늦어지며, 도체중이 높은 가축일수록 냉각속도가 느려진다. 또한 도체의 내부가 표면보다는 냉각이 천천히 일어난다. 예냉 시에는 상대습도를 88∼92% 정도로 유지하여 수분 증발에 의한 도체의 지나친 감량을 방지하는 것이 좋다. 만약 상대습도를 이 범위 이상으로 유지되면 곰팡이나 점액의 생성이 증가할 수 있기 때문에 적절한 상대습도를

MEMO

유지하는 것이 좋다. 입고된 도체들은 충분한 간격을 두어 통풍이 잘 될 수 있도록 해야한다. 소의 경우에는 약 48~72시간, 돼지의 경우에는 약 24시간 이내에 도체의 심부온도가 5℃ 이하로 냉각되는 것이 권장된다. 만약 사후강직이 완료되기 전 도체의 온도를 이보다 빠르게 냉각시키게 되면 저온단축(Cold shortening)의 원인이 될 수 있다. 유럽의 경우 도체 방출 시 온도를 7℃ 정도를 권장하며, 미국의 경우 도살 후 5시간 이내 도체 표면 온도를 10℃ 이하, 도살 후 24시간 이내 도체온도를 4.4℃ 이하로 권장하고 있다. 일반적으로 냉장고의 온도가 1℃ 조건에서 도체의 심부온도가 6~10℃에 도달하는 시간은 소의 경우 28~36시간이며, 돼지의 경우 12~16시간이 소요된다. 그러나 도체의 크기와 개수 및 냉장고의 냉장효율 등에 따라 달라질 수 있으므로 해당 도축장의 조건에 맞는 냉장시간을 고려해야 한다.

(이상 『근육식품의 과학』, 『식육과학』 참조)

(2) 도체의 냉장

냉각실(예냉실)에서 냉각이 끝난 도체는 냉장실로 옮겨 발골과 숙성을 거쳐 판매될 때까지 냉장보관을 하게 되는데, 일반적으로 냉장실의 온도는 0~1℃, 습도 85~90%, 유속 0.1~0.2m/초로 유지하는 것이 바람직하다. 냉장실에 옮겨진 도체의 온도는 입고 후에 도체의 냉각이 서서히 진행되고, 최종 온도는 냉장고의 온도와 같게 된다. 도체의 냉장 저장 중의 습도는 냉장 기간, 도체의 품질, 공기의 순환속도 등에 따라 다소 차이가 있지만 습도가 낮아지면 도체중의 감량이 늘어나고 반대로 습도가 높아지면 도체 표면에 곰팡이가 발생할 우려가 있기 때문에 습도 조절이 중요하다. 공기의 순환속도를 높이면 습도 역시 높이는 것이 권장되지만, 공기의 순환을 지나치게 높이게 되면 도체의 감량이 증가하고, 도체가 변색될 우려가 있으므로 도체의 수분 응축이 일어나지 않을 정도로 순환속도를 조절하는 것이 중요하다. 냉장실에서 도체상태로 저장할 수 있는 기간은 축종, 저장온도, 습도, 초기오염 정도, 포장상태 등에 따라 달라지는데, 일반적인 초기 미생물 오염 수준에서($10^3 \sim 10^4/cm^2$) 소고기는 약 30~40일, 돼지고기는 약 20일 정도 냉장 저장이 가능하지만, 국내에서는 실제 저장기간이 이보다 짧은 경우가 대부분이다. 냉장온도는 항상 4℃ 이하로 유지하도록 하고 절단과 포장 작업실은 10℃ 정도로 유지하되 작업이 끝나면 곧바로 4℃ 이하의 냉장실로 옮겨야 한다. 뿐만 아니라 적재, 수송,

MEMO

하역 작업 시에도 온도 상승을 최소화하도록 주의해야 한다.

(이상 『근육식품의 과학』, 『식육처리기능사 3』 참조)

(3) 냉장 중 육질의 변화

① 미생물의 변화

식육을 장시간 효과적으로 보존하기 위해서는 도체의 미생물 오염을 최소화시키는 것이 필수적이다. 이를 위해서 미생물의 오염원을 철저히 제거해야 하는데 초기 취급 공정에서 세심한 주의가 필요하고, 냉장 저장 중 일정한 저온을 유지해야 한다. 미생물 중에서도 호냉성 미생물은 냉장 저장 중인 식육에 쉽게 성장하여 부패를 일으키는 주요 미생물인데, 특히 식육 표면에 호기성균, 곰팡이, 효모 등을 증식하게 하여 부패를 일으킨다.

효모와 곰팡이를 제외한 대부분의 식육미생물은 -1℃로 온도를 낮추면 1% 이하의 생존율을 나타낸다. -1℃에서도 생존할 수 있는 세균은 주로 4종류가 있으며, 아크로모백터(*Achromobacter*)(90%), 미구균(*Mcrococcus*)(7%), 플라보박테리아(*Flavobacterium*)(3%), 슈도모나스(*Pseudomonas*)(1% 이하) 등이 포함된다. 그 외 -1~4℃의 냉장 저장 중 증식이 가능한 세균으로는 연쇄상구균(*Streptococcus*), 젖산간균(*Lactobacillus*), 류코노스톡균(*Leuconostoc*), 프로테우스(*Proteus*), 페디오코커스(*Pediococcus*) 등이 포함된다. 앞서 언급한 미생물들이 식육에서 증식하게 되면 식육은 변패를 일으키게 되는데, 이때 발생하는 점성부패가 대표적인 문제점이라 할 수 있다. 점성부패는 끈적끈적한 점액이 식육 표면에 나타나는 부패를 말하는데, 경우에 따라서 작은 거품과 함께 이취가 발생한다. 일반적으로 돼지 도체나 도체 내면에서 잘 발생하며, 주로 도체 해체과정에 있어서 아크로모백터(*Achromobactor*), 슈도모나스(*Pseudomonas*) 등의 부패균에 오염되어 발생한다. 이러한 문제를 방지하기 위해서는 빠른 시간 내에 도체의 온도를 0℃ 내외로 냉각시키고, 냉장 온도의 변화를 막아 식육 표면에 수분이 응집되는 것을 막는 것이 중요하다. 뿐만 아니라 미생물이 증식하면 식육 표면의 산소분압을 낮추고, pH의 변화로 인해 고기 색소(마이오글로빈의)의 산화가 촉진되는데 이로 인해 도체나 식육의 변색이 일어난다.

미생물들은 고기 색소인 마이오글로빈에서 힘(Heme) 색소의 글로빈(Globin) 부분을 분해하기 때문에 마이오글로빈의 갈색화를 촉진시키고, 스스로 색소를 생성하여 변색반점을 생성하기도 한다. 식육 표면에 반점이 생기거나 곰팡이가 성장하면 고기는 회색 또

MEMO

는 흑색으로 변색되고, 솜털 같은 것이 생겨나고, 좋지 않은 곰팡이 냄새를 발생시키게 된다. 곰팡이는 저온에 대한 저항성이 높기 때문에 −8~9℃에서도 성장 가능하며, 또한 85% 이상의 습도에도 생장할 수 있기 때문에 저장 숙성 중에는 습도는 85% 이하로 유지하고, 식육 표면의 습기를 조절하는 것이 중요하다. 냉각실에서 도체 처리와 식육 취급 시 곰팡이류의 아포도 외부로부터 오염되기 때문에 위생에 신경을 써야 한다. 또한 도체의 냉장 저장 과정에서 미생물의 증식에 의해 발생하는 가장 큰 문제점에는 골염(Bone-taint)이 있다. 골염은 도체의 뼈 주위에서 혐기성균이 증식하여 산패취를 발생시키는 것으로 가스가 발생하여 축적되면 스펀지 형태를 나타내기도 한다. 골염은 뒷다리 뼈, 등뼈 등의 주위와 특히 관절 부위에서 잘 발생한다. 주요 발생원인은 도살 시 또는 도살 후, 공기 중의 세균이 이행하거나 뼈 주위의 동맥을 통해 장내 세균이 이행하여 증식하기 때문이다. 피로가 누적된 소는 혈액의 항균작용이 약화됨에 따라 세균오염에 대한 저항성이 낮기 때문에 도축하면 골염의 발생빈도가 높아진다. 그러므로 골염의 발생을 예방하기 위해서는 도살 전에 가축을 충분히 휴식시키고, 수분을 충분히 섭취하게 하여 도살 시 방혈을 촉진하고 도살 직후 신속하게 냉각하여야 한다. 뿐만 아니라 가축의 농장출하, 이동, 하차와 같은 도축 전 취급과정에서 가축이 스트레스를 받지 않도록 유의해야 한다.

② 육색의 변화

도체를 장기간 냉장 저장 시 부적절한 냉장 조건에서 저장하면 도체 표면의 육색이 변화하는데, 이러한 변색의 정도는 냉장실의 온도, 상대습도, 공기유통속도, 포장상태 또는 미생물 성장 정도 등에 의해 좌우된다. 이 중 냉장온도가 변색에 가장 큰 영향을 주는데, 저장온도가 낮을수록 메트마이오글로빈(Metmyoglobin)의 함량이 낮아지므로, 변색을 방지하기 위해서는 낮은 온도를 유지하는 것이 바람직하다. 냉장실의 상대습도는 낮을수록, 공기유통속도는 빠를수록 도체나 식육 표면의 건조를 유발시켜 변색을 촉진하게 된다. 표면이 지나치게 건조하게 되면 용질의 함량을 부분적으로 증가시켜 마이오글로빈의 산화가 촉진되어 갈색의 메트마이오글로빈(Metmyoglobin)의 함량이 증가하기 때문에 변색이 촉진된다. 육색은 소비자들이 고기를 선택하는 데 있어 가장 중요한 구매요소가 되기 때문에 냉장고의 습도를 85% 이하로 적절하게 유지하여 식육 표면의 습도를 조절하는 것이 미생물의 성장뿐만 아니라 육색을 보호하는 데 중요하다.

MEMO

③ 지방의 변화

장기간 식육을 냉장 저장 시 지방의 변질에 의해서 이취를 생성하는데, 이 이취는 지방의 자동산화나 가수분해에 의해서 생성된다. 지방산화는 비효소적 반응으로 산소와 결합하여 과산화물을 형성하는 과정을 말한다. 식육의 지방이 열, 광선, 금속이온 등 외부의 촉매작용에 의해 공기 중에 노출되어 유리기(Free radical)가 생성되고, 이 유리기(자유 라디칼)에 분자상 산소와 결합하여 1차 분해 산물인 과산화물(Hydroperoxide)을 형성한다. 과산화물은 일반적으로 이취가 많지 않으나 구조가 매우 불안정하기 때문에 알데하이드(Aldehyde), 케톤(Ketone), 알코올(Alcohol) 등과 같은 2차 부산물(또는 최종 분해산물)로 분해되어 이취를 생성한다. 이러한 반응은 주위에 있는 다른 지방과 연쇄반응을 일으키기 때문에 자동산화라고도 부르며, 매우 심한 이취의 원인이 된다. 동일한 조건하에서 지방의 산화는 포화지방산이 많은 소고기보다는 불포화지방산이 많은 돼지고기에서 상대적으로 많이 발생하며, 고기 부위별로도 지방산화의 정도가 다르다. 소고기가 돼지고기에 비해 저장기간이 상대적으로 긴 주요이유는 소고기가 상대적으로 더 안정한 포화지방산의 비율이 돼지고기에 비해 높기 때문이다. 지방산화는 촉매작용에 의해 발생되거나 촉진되므로 촉매작용의 원인을 제거하는 것이 중요하다. 따라서, 식육을 낮은 저장온도에 저장하고, 온도를 일정하게 유지하며, 또한 진공 포장을 함으로써 산소와의 접촉을 막는 것 등이 가장 효과적인 방지책이 될 수 있다. 가수분해에 의한 지방의 변패는 식육 내에 존재하는 지방이 미생물들이 분비하는 지방 분해효소에 의해 분해되어 유리 지방산을 생성함으로써 발생한다. 미생물의 오염과 증식 억제를 통해 지방 변패를 방지할 수 있으므로 저장온도를 낮추고 특히 저장 중의 온도변화를 최소화하는 것이 중요하다. 장기저장이 필요할 경우에는 급속냉동을 통해 억제할 수 있다. 또한 고기 부패균은 대부분 호기성 세균이므로 산소와의 접촉을 줄이는 것이 미생물 억제를 위해 중요하다.

④ 감량

냉각과 냉장 중의 감량은 공기의 온도, 습도, 순환속도 등의 냉각조건과 도체나 식육의 크기, 지방부착의 정도 등에 따라 달라진다. 일반적으로 냉장 보관 시 24시간까지는 감량이 증가하나, 냉장일수가 길어짐에 따라 증가율은 감소된다.

(이상 『근육식품의 과학』, 『식육과학』, 『식육처리기능사 3』 참조)

MEMO

구분	냉장육	냉동육
보관온도	빙결점 이상의 온도 0~4±1℃	빙결점 이하의 온도 -15~-40℃
		가정: -18~-24℃
		산업: -30~-40℃
저장기간	짧은 기간	장기간
	우육: 14~21일	2개월 이상 1~2년
	돈육: 7~10일	
비고	신선도 유지가능	신선도 저하

2) 식육의 냉동

식육을 동결시킨 다음 약 -20℃ 이하의 냉동 저장은 미생물의 증식을 억제하고, 육색, 품질, 풍미의 변화와 영양가를 유지할 수 있는 최선의 방법이다. 대부분의 고기 부패 미생물들은 -20℃ 이하의 냉동 조건하에서는 효소의 활성이 정지되기 때문에 더 이상 성장하지 못한다. 그러나 식육을 냉동하게 되면 고기에 함유되어 있는 수분의 결정화로 인해 식육 조직의 손상이 발생하고 냉동육을 해동할 때는 육즙 방출에 따라 수용성 영양분이 손실되고, 수분의 손실에 의해 고기의 연도와 풍미가 감소할 수 있으며, 이러한 손실은 냉동조건과 해동조건에 따라 큰 차이가 발생할 수 있다. 또한 냉동 시 수분, 지방의 함유량, 숙성, 포장재 종류 등에 따라 많이 차이가 발생한다. 방출되는 육즙에 존재하는 대부분의 영양분들은 염, 단백질, 아미노산, 펩타이드, 수용성 비타민 등이 있으나 냉동에 의해서 고기 중에 존재하는 영양성분이 크게 파괴되거나 비소화성이 되지 않는다. 냉동육의 품질은 우선 냉동 전에 냉장 저장 기간과 냉동 방법 등에 의해 결정되는데 냉동육의 품질을 잘 유지하려면 냉동 전 냉장육의 품질을 잘 관리해야 하며, 일반적으로 냉동은 신속하게 시키는 것이 좋다. 일단 식육을 냉동 저장하면 수분의 승화, 단백질의 변성, 조직적인 손상 등의 물리화학적인 변화가 크지는 않지만 냉장 기간이 지속되면 이러한 품질이 저하가 지속적으로 발생한다.

(이상 『식육·육제품의 과학과 기술』, 『식육과학』 참조)

MEMO

<표 25> 최적의 품질보존을 위한 육류별 최대 냉동온도별 저장기간(『Principles of meat science』 참조)

육 종류	-12℃	-18℃	-24℃	-30℃
	개월			
소고기	4	6	12	12
양고기	3	6	12	12
송아지고기	3	4	8	10
돼지고기(신선육)	2	4	6	8
돼지고기(염지육)	0.5	1.5	2	2
부산물(간, 심장, 혀)	2	3	4	4
가금육	2	4	8	10
분쇄 소고기, 분쇄 양고기	3	6	8	10
소시지	0.5	2	3	4
생선		6		12

(1) 식육 냉동의 원리

식육의 냉동은 식육이 동결되기 시작하는 온도 이하로 낮추는 것을 말한다. 냉동과정은 예비단계 → 과냉각단계 → 냉동단계 → 동결점 이하로의 냉동단계의 총 4단계로 구성된다.

① 예비단계: 식육의 온도를 빙점까지 낮추는 과정이다.

② 과냉각단계: 얼음이 형성되지 않고 식육의 온도가 빙점 이하로 떨어지는 단계를 말한다. 과냉각단계에서는 식육 내 액체 상태의 수분이 고체인 얼음으로 변화되지 않은 상태로 온도가 빙점 이하로 내려간다.

③ 냉동단계: 액체 상태의 수분이 고체로 상태 변화가 일어나는 즉 수분의 결정화가 일어나는 단계이다. 결정화가 시작되면 결정 잠열이 방출됨에 따라 과냉각되어 낮아졌던 온도는 빙점까지 상승된 후 모든 물이 얼음으로 될 때까지 빙점을 유지한다. 고기의 빙점은 약 -1.7℃~-2.2℃의 범위이고, 한 번 형성이 시작된 빙결정은 계속해서 크기가 성장하기 시작하는데, 액체에서 고체로의 전환은 오랜 시간이 소요된다. 급속히 식육을 냉동시키면 수많은 작은 빙결정이 존재하지만 완만하게 냉동시킨 식육은 크고 숫자가 적은 빙결정이 존재하게 된다.

MEMO

④ 동결점 이하로의 냉동단계: 동결이 완료된 식육을 저장하려는 온도까지 낮추는 단계를 말한다. 이 단계에서는 얼음이 물보다 비열이 낮기 때문에 비교적 빠르게 진행된다. 이 단계에서 모든 물은 고체가 되고 온도만 하강하게 된다. 빙결정이 생성되면 나머지 용액의 농도가 더욱 진해지기 때문에 빙점이 더 내려가 수분을 모두 동결하기 위해서는 온도를 더 내려야 한다.

(이상 『식육・육제품의 과학과 기술』, 『식육과학』 참조)

(2) 식육의 냉동 방법

식육을 냉동시킬 때 식육의 표면과 중심부의 온도는 매우 다르게 나타나며, 특히 식육의 크기가 클 경우 표면과 심부의 온도 차이가 더욱 심하게 차이가 나타난다. 냉동 완료는 식육의 평균온도가 냉동 저장온도에 도달하면 냉동이 완료됐다고 할 수 있다. 냉동시간은 식육 중심부의 초기 온도가 목표 온도(-10℃)까지 도달하는 데 걸리는 시간을 말한다. 식육을 냉동할 때에는 제품에 따라 육질을 가장 잘 유지할 수 있으면서 동시에 경제성이 있는 방법을 선택하여야 한다. 냉동육의 품질은 냉동속도에 의해 가장 큰 영향을 받게 되는데 동결속도가 빠를수록 얼음의 결정이 작고 고루 분포되어 조직의 손상이 적고, 결과적으로 해동 시 분리되는 유리 육즙량도 적고 복원력도 우수하게 되기 때문에 급속 동결이 권장된다. 식육의 냉동 방법에는 공기 냉동, 접촉식 냉동, 송풍 냉동, 반송풍 냉동, 액체 냉매 냉동, 크라이오제닉(Cryogenic) 냉동법 등이 있다. 냉동은 식육을 장기간 보존할 목적으로 주로 사용되며, 그렇지 않을 경우에는 냉장을 하는 것이 고기의 품질에 영향이 상대적으로 적다.

① 공기 냉동

열전달 매체가 공기이고 대류에 의해서만 냉동이 진행되기 때문에 냉동이 매우 완만하게 진행된다. 가정용 냉장고의 냉동실이 공기 냉동에 속하며 일반적인 공기온도는 -10℃~-30℃이고, 냉동실의 저장능력에 비해 많은 양을 저장하면 냉동속도는 느려지게 된다. 상업적으로는 이용되는 경우가 상대적으로 많지 않다.

MEMO

② 접촉식 냉동

열전달 매체가 금속판으로 두께가 5~6cm 이하의 편평한 식육을 동결하는 데 적당하다. 금속판의 온도는 -10~-30℃ 정도로 식육의 표면이나 식육을 담은 용기가 직접 동기 금속판과 접촉되어 냉동되는 원리이다. 열전도에 의한 냉동이기 때문에 공기 냉동보다 빠른 냉동이 이루어지며, 냉동을 빠르게 하기 위해서는 찬 공기를 순환시키는 것이 좋다. 스테이크, 햄버거 패티 또는 찹(Chop) 같이 두께가 한정되어 있는 식육의 냉동에 주로 이용되고, 최근에는 발골한 박스육의 냉동에도 사용되기도 한다.

③ 송풍 냉동

송풍 냉동은 가장 흔히 사용되는 방법으로 급속한 공기의 순환을 위해 송풍기가 설치된 방이나 터널에서 찬 공기의 송풍으로 냉동이 이루어진다. 공기가 열전달 매체이지만 공기 냉동에 비해 신속한 순환으로 인해 열 전달률이 급속히 높아져 냉동속도 또한 빠르다. 그러나 비포장육의 경우에는 공기의 순환속도가 증가하면 냉동비용이 증가하고, 동결소 현상이 발생하기 때문에 세심한 주의가 필요하다. 송풍은 온도 -30~-35℃, 유속 3~4m/초 정도가 가장 일반적으로 사용되며, 예를 들어 소 이분도체의 경우 중심온도가 약 -20℃로 되는데 약 48시간 정도 소요된다. "동결소 현상"이란 식육의 표면이 건조로 인하여 회색 또는 갈색으로 변하는 현상을 말한다.

④ 반송풍 냉동

공기 냉동실 내에 송풍기를 설치하여 공기를 교반시킴으로써 동결을 촉진시키는 방법으로, 냉동 속도는 일반적으로 1.5~2m/초 정도로 접촉식 냉동과 공기 냉동의 중간 정도이다.

⑤ 액체 냉매 냉동

적당한 포장용기로 싼 고기를 저온의 소금물이나 글리세롤, 프로필렌글리콜 등의 액체 냉매에 담그거나, 액체 냉매를 분무하는 방법으로, 닭고기와 같은 가금류의 냉동에 주로 사용한다. 냉동 속도가 매우 빠르기 때문에 품질을 최상으로 유지시켜야 하는 소고기 돼지고기 같은 식육 냉동에는 크게 상업화되지 않은 냉동 방법이다.

MEMO

⑥ 크라이오제닉(Cryogenic) 냉동

식육을 −60℃ 이하의 액체 질소, 드라이아이스, 아산화질소 등에 접촉시켜 초급속으로 동결시키는 원리이다. 직접침지, 액체 분무 또는 냉매 증기 순환의 3가지 방법이 있다. 얼음 결정이 매우 작아서 가장 이상적인 냉동 방법이기는 하지만 경제적인 이유로 실용화하기는 어려운 방법이다. 주로 크기가 작은 조리육이나 세절육의 냉동에 이용되며, 가장 많이 사용되는 냉매는 액체나 고체상의 질소와 탄산가스가 있다.

(이상 『근육식품의 과학』, 『식육과학』 참조)

(3) 냉동 중 물리화학적 변화

식육 냉동 시 물이 얼음으로 전환되는 현상으로 인해 식육 내 다른 물질들의 농축이 일어나게 되는데, 그 농축 정도는 식육의 최종 온도와 냉동속도, 식육종류 등에 의해 영향을 받는다. 농축현상은 식육의 pH 저하, 보수력 감소, 단백질 용해도 감소 등 화학적 변화를 유발시키게 되고, 액체 상태에서 용질의 농도가 증가할수록 농축이 증가하기 때문에 온도가 매우 낮아져 물의 양이 적어지게 되면 농축의 정도가 감소하게 된다. 따라서 더 많은 양의 물이 동결될수록 해동 시 원래의 위치로 돌아가야 할 물의 양의 더 많아지기 때문에 식육에 더 많은 손상을 일으키게 된다. 냉동 중 변화가 가장 많이 생기는 온도 범위는 −1℃에서 −5℃ 사이로 냉동과 해동 과정에서 가능한 급속히 이 온도범위를 통과하는 것이 요구되며, 냉동 저장 중에는 −20℃ 이하를 유지하는 것이 바람직하다.

① 물리적 변화
・부피의 증가

일반적으로 순수한 물이 얼음이 될 때 약 9% 정도의 부피가 증가하지만, 실제로 식육에서는 일반적으로 약 6% 미만의 증가가 일어난다. 냉동 시 물의 부피증가로 인해 고기 조직에 물리적 압력을 주어 조직이 파괴되며, 동결속도에 따라 부피 팽창에 의한 조직손상이 영향을 받으며, 완만 동결 시 더욱 심하게 일어난다.

・식육성분의 재구성

식육은 수분 이외에 콜로이드 상태의 단백질, 당질 등의 성분들이 분산하여 존재하는

MEMO

데 식육이 동결되면 이들 성분의 위치가 고정된다. 냉동 시 물이 얼음으로 전환되기 때문에 물에 녹아 있던 여러 가지 용질들은 상대적으로 농도가 증가되는데, 최종온도에 따라 농축의 정도가 좌우되며 또한, 용질의 공정점(식육 내 수분이 완전히 동결되는 온도, 동결온도가 낮아지지 않는 최저 온도 약 −60℃), 동결속도, 물리적 교반에 의해 영향을 받는다. 또한 냉동 중 얼지 않은 부분에서는 용질의 농축현상으로 인해 pH, 적정산도, 점도, 동결점, 이온강도, 표면장력, 산화-환원 전위 등 여러 가지 성질에서 큰 변화가 발생한다.

·중량 감소

냉동과정 중에서는 냉동방법에 따라 약 1~2% 정도의 중량이 감소한다. 중량 감소는 식육의 종류나 냉동방법에 따라 달라지며 저장 중에도 지속되고, 급속 냉동일수록 중량 감소는 적어진다. 수분 불투과성 포장지로 포장된 식육에서 포장이 식육에 밀착되지 않았을 경우 수분이 증발하여 포장내부에 얼음으로 축적됨으로써 중량 감소가 발생할 수 있다. 비포장 식육에서는 저장 중 수분이 곧바로 공기 중으로 증발되고, 공기는 온도가 낮을수록 상대적으로 수분을 적게 함유하기 때문에 저장온도가 낮을수록 중량 감소는 상대적으로 줄어든다. 뿐만 아니라 저장고 내의 공기순환속도는 가능한 한 낮아야 한다(냉동 효율의 감소가 적다는 조건하에서). 지속적인 수분증발은 표면의 얼음이 승화되어 산소가 쉽게 표면에 접근할 수 있게 되므로 산화작용이 진전되어 표면이 변색되는 동결소(Freezer burn) 현상을 가져온다. 동결소 현상은 비포장 식육에서 특히 심하고 풍미, 조직감 및 외관의 손상을 야기한다. 중량감소를 예방하는 측면에서는 공기 불투과성 포장재로 밀착하여 포장하는 진공 포장 등이 권장될 수 있으나, 진공 포장은 포장재 비용이 발생할 뿐만 아니라 뼈를 발골한 정육에 물리적인 압력을 주어 수분이 손실될 수 있다. 그러므로 냉동은 필요에 의해 최소한으로 실시하는 것이 바람직하다.

·얼음의 재결정화

얼음의 재결정화는 저장 기간 동안 그 형태가 계속 변화하는 현상을 말하는데, 동결된 식육 내에서의 얼음결정은 매우 불안정하기 때문에 재결정화가 일어난다. 얼음결정은 일정한 온도와 증기압에서 안정한 구조를 유지하려는 경향이 있어서 형태가 불규칙한 얼음결정의 경우 더욱 치밀하고 안정된 구조를 형성하기 위해 이러한 현상이 일어난다.

MEMO

불규칙한 온도와 증기압의 저장 조건에서는 높은 온도와 증기압에 존재하는 얼음결정이 낮은 온도와 증기압에 존재하는 얼음결정으로 확산되고, 흡수된다. 이로 인해 높은 온도와 증기압에 존재하는 큰 얼음결정의 크기는 줄어들고, 상대적으로 작은 결정은 사라지게 된다. 식육에서 일어나는 재결정화는 주로 불규칙한 저장온도에 의해 발생되며, 작은 얼음결정의 큰 얼음결정으로의 이동, 흡수, 확산에 의한 재결정화가 일어난다. 재결정화는 −20℃ 이상의 온도에서 특히 심하며, 저장온도의 변화가 심하면 작은 얼음결정은 없어져 큰 얼음결정이 된다. 급속 동결을 통해 작고 많은 얼음결정이 형성된 식육도 장기간 저장하게 되면 얼음의 숫자가 줄어들고 얼음결정의 크기가 커지기 때문에 식육조직의 변형이 더 크게 발생할 수 있다. 얼음의 재결정화 측면에서는 식육을 급속 동결하여야 하고 가능한 짧은 기간 동안 저장하는 것이 바람직하다.

(이상 『식육과학』, 『식육·육제품의 과학과 기술』 참조)

② 화학적 변화

냉동 저장 중의 화학적 변화로는 지방산화에 의해 풍미가 변화되고, 단백질의 변성에 의해 보수력과 유화 특성의 변화가 있다. 뿐만 아니라 효소적 갈변현상, 해동 시 육즙감량에 따른 pH 변화, 영양가 손실 등이 있다. 이론적으로는 냉동 저장 시 온도를 −80℃ 이하로 낮게 유지한다면 위에서 언급한 화학적 변화를 최소화시킬 수 있지만, 실질적으로 냉동 저장은 −20℃ 부근에서 이루어지므로 저장 중 발생하는 화학적 변화는 불가피하다. 일반적으로 화학적 변화는 효소적 변화와 비효소적 변화로 구분될 수 있는데, 이 중 냉동에 의한 용질의 농축으로 비효소적 변화는 저장 중 촉진된다.

·육색의 변화

급속 동결은 작은 얼음결정들의 형성으로 밝은 표면색을 야기하지만, 해동 후에는 냉동속도에 따른 차이가 없어진다. 냉동 저장 중에는 고기의 마이오글로빈이 산화되어 변색이 일어나지만 포장종류에 따라 −20℃에서 수개월간 선홍색을 유지할 수도 있다. 냉동기간 중에 식육의 표면이 건조되지 않고 육색소인 마이오글로빈이 산화되지 않는다면 냉장육에 비해 오랜 기간 육색을 보존할 수 있다.

MEMO

·지방의 산화

냉동 조건하에서도 오랜 기간 저장하면 지방산화로 인해 풍미변화가 일어나는데, 지방산화에는 자동산화와 가수분해산화로 구분된다. 먼저 자동산화는 고기 지방을 구성하는 지방산의 불포화 정도, 냉동 저장온도와 시간, 냉동 전 지체시간, 산소함량, 산화촉진제의 유무 등에 의해 영향을 받는다. 지방산화는 일단 고기가 냉동된 후 저장온도가 −15℃보다 높으면 신속히 진행된다. 인지질이나 지방이 효소에 의해 가수분해 되는 지방산화는 유리기(Free radical)가 증가하여 발생되고, 저장온도가 높을수록 촉진된다. 저장 중 지방의 산화는 이취를 형성하며 특히 동결소에 의해 촉진된다. 얼음이 지방의 보호막으로 작용하다가 승화되어 없어지게 되고, 더불어 미량 금속 이온들, 육색소 및 염과 같은 산화촉진제들의 농축으로 지방산화가 가속화된다. 지방산화는 포장방법을 통해 산소함량을 제한하여 효과적으로 억제할 수 있고, 진공 포장이나 항산화제 처리로 지방산화를 지연시킬 수 있고, 저장온도를 낮춤으로써 산패를 억제할 수 있다.

·pH의 변화

냉동 저장 중 pH 변화는 단백질 변성, 연도 감소와 보수력 감소를 유발하고, pH 변화는 저장온도와 저장기간에 따라 달라진다. 저장 초기에는 얼지 않은 부분에 존재하던 산성염이 침전되어 pH가 감소하게 되고, 후기에는 알칼리염의 침전으로 인해 pH가 증가하게 된다.

·단백질의 변성

식육은 장기간 냉동 저장 중 염들이 농축되어 단백질의 변성으로 인해 조직이 질기고 건조해진다. 단백질의 추출성도 냉동 저장온도가 높을수록 더욱 낮아지며, 고기를 육제품 원료로 사용할 경우 그 기능성의 감소를 야기할 수 있다. 저장온도를 가능한 낮추거나 냉동변성 방지제를 첨가한 후 냉동시켜 단백질 추출성 변화를 감소시킬 수 있다. 냉동 저장으로 인해 변화하는 식육의 영양가가 크지 않기 때문에 식육의 품질을 오랜 기간 유지하기 위해서 냉동 저장이 최선이다. 비록 해동 시 육즙에 포함되는 수용성 비타민, 단백질 광질 등의 영양가 손실이 발생할 수 있지만, 고기 자체가 영양가가 매우 높은 식품이기 때문에 육즙의 손실을 영양성분의 큰 손실로 볼 수 없다. 그러나 냉동 저장 기간 또는 식육의 해동 시에 발생하는 육즙의 손실은 식육의 풍미를 감소시키는 주요한 원인이 될 수 있다.

(이상 『근육식품의 과학』, 『식육처리기능사 1』 참조)

MEMO

(4) 냉동육의 해동

냉동육의 해동과정은 냉동된 식육을 해동정체기까지 가열하는 단계, 해동단계, 그리고 해동점 이상으로 온도를 올리는 단계로 구분된다. 냉동된 식육의 온도를 얼음이 전혀 남아 있지 않는 온도까지 올리는 데 소요되는 시간을 전체 해동 시간이라 한다. 식육을 냉동할 경우 물이 외부에서 내부로 얼기 때문에 내부의 열이 바깥으로 쉽게 이동하고 제거될 수 있지만, 해동할 경우에는 얼음이 외부에서 내부로 녹기 때문에 외부 열이 쉽게 내부로 전달되지 못한다. 따라서 해동에 소요되는 시간은 냉동보다 더 오래 소요된다. 냉동육은 직접 조리를 하지 않으면 동결된 상태로 포장이 된 채로 해동시켜야 고기의 건조를 방지할 수 있다. 냉동육의 해동 시에는 육즙이 누출되는데, 이 육즙의 정도는 식육의 종류, 냉동 방법, 표면적, 저장건조 또는 해동 방법 등에 따라 달라진다. 일반적으로 해동 과정 중에 중량의 약 1~2%의 육즙이 나오며, 때문에 해동된 고기는 건조한 조직감을 나타낼 수 있다. 해동 방법은 크게 표면가열방법과 내부가열방법의 두 가지로 구분할 수 있다. 표면가열방법은 공기, 물 또는 증기를 이용하여 열을 표면에서 내부로 전도시켜 해동시키는 방법이고, 내부가열방법은 전자파를 이용하여 열이 냉동육의 내부에서 발생되어 해동되는 방법이다. 급속도로 해동이 이루어지면 육즙의 배출이 적어지나, 식육의 표면적이 클 경우 표면온도가 높아질 수 있다. 해동 시간은 식육의 온도, 크기, 해동방법, 열용량에 따라 달라지는데, 오랜 시간이 걸리더라도 해동 중 미생물의 증식을 막기 위해서는 냉장 온도에서 해동하는 것이 권장된다.

① 공기 해동

실온에서 하루 동안 해동시키는 방법으로 열전달 매체가 정지된 공기이므로 해동 속도가 매우 느리다. 그러나 크기, 모양에 관계없이 어떠한 동결 식품에서도 적용할 수 있는 장점이 있다. 공기 해동의 경우 미생물의 성장을 억제하기 위해서 실온의 온도를 약 15℃ 이하로 해야 하고, 습도가 높은 공기를 순환시키는 관 속에서 해동하면 빠른 속도의 해동과 동시에 위생적인 관리가 이루어질 수 있다.

MEMO

② 침수 해동

열전달 매체가 물이기 때문에 공기보다 열전도도가 높아 공기 해동보다 해동 시간이 단축된다. 하지만 물을 사용하므로 사용한 물의 교체빈도와 온도 등에 따른 위생상의 어려움이 있으며, 폐수발생의 문제가 된다. 또한 육즙 삼출이 적어야 하는 구이용 고기에는 적용하기 어렵고 국거리, 찌개 또는 육수용 식육 등에 적합하다.

<그림 52> 침수 해동(Tistory)

③ 증기 해동

응축된 수증기의 높은 열전도도를 이용하는 것으로, 저압하에서 저온으로 생산된 수증기를 냉동육의 표면에 응축시킴으로써 해동한다. 공기나 물보다 훨씬 빠른 해동이 이루어지지만 냉동육 표면온도 관리에 주의해야 한다.

④ 전자파 해동

전자기 파장을 이용하여 냉동육 내부에서 열을 발생시키는 방법이다. 그 종류로는 적외선 해동(Infrared defrosting), 초음파 해동(Ultrasonic defrosting) 및 마이크로웨이브 해동(Microwave) 등이 있다. 상업적으로는 마이크로웨이브 해동법이 가장 많이 쓰인다. 단시간에 해동시킬 수 있어 가장 효과적인 방법이기는 하지만 전자파의 침투율이 낮고 식육의 크기가 클 경우 식육의 외부가 가열되고 내부는 얼음이 존재할 가능성이 있다.

(이상 『근육식품의 과학』, 『식육과학』 참조)

MEMO

<그림 53> 전자파 해동(Inacube)

<표 26> 식육의 신선도 판정

구분	정상육	이상육
색깔	축종별 고유의 색깔	암적색, 창백한 육색
탄력성	탄력성 높고 강인한 근섬유	탄력성 저하
냄새	축종별 고유의 냄새	암모니아 냄새
점액질	없음	점액질 생성

2. 식육 및 육제품 관련 미생물

1) 식육 미생물 종류

(1) 식육 미생물

식육은 미생물의 성장에 적합한 각종 영양 성분과 영양 조건을 모두 가지고 있는 식품이기 때문에 미생물이 쉽게 증식할 수 있다. 미생물의 증식으로 인해 식육의 품질이 크게 저하될 수 있을 뿐만 아니라, 몇몇 미생물들은 식중독이나 여러 질병을 일으키는 원인이 되기도 한다. 미생물은 다양한 방법으로 분류되는데 먼저 미생물은 과(Family), 속(Genus), 종(Species)으로 분류할 수 있다. 또한 미생물의 모양이나 형태에 따라 분류를 할 수 있고, 미생물이 생장할 수 있는 온도, pH, 수분활성도(Aw: Water activity)에 따라 분류하고, 미생물이 필요로 하는 에너지원과 산소의 유무, 포자를 생성하는 방법과 염색에 따라서도 분류하는데 이러한 분류법은 적합한 목적에 맞게 사용한다.

MEMO

- 형태에 의한 분류: 박테리아(Bacteria), 효모(Yeast), 곰팡이(Fungi)
- 온도에 따른 분류: 저온균(Psychrophilic), 중온균(Mesophilic), 고온균(Thermophilic)
- 산소의 유무에 따른 분류: 호기성균(Aerobic), 통성혐기성균(Facultative anaerobic), 혐기성균(Anaerobic)
- 식육에 있어 문제가 되는 미생물 분류: 병원성 미생물(Pathogenicity), 부패 미생물 (Spoilage)

(이상 『식육처리기능사 2』 참조)

2) 식육 미생물 분류

분류	미생물	사진
통성 혐기성 그람 음성 간균	장내세균 (*Enterobacteriaceae*) 엔테로박터(*Enterobacter*) 살모넬라균(*Salmonella*) 대장균속(*Escherichia*) 이질균(*Shigella*) 시트로박터(*Citrobacter*) 프로테우스(*Proteus*) 에르비니아속(*Erwinia*) 셀라티아속(*Serratia*)	살모넬라균 (*Salmonella*)
	비브리오과 (*Vivrionaceae*) 비브리오(*Vibrio*) 아에로모나스(*Aeromonas*)	비브리오 (*Vibrio*)

MEMO

분류		미생물	사진
호기성 그람 음성 간균 및 구균	슈도모나스과 (*Pseudomonadaceae*)	슈도모나스(*Pseudomonas*)	 슈도모나스 (*Pseudomonas*)
	초산균과 (*Acetobacteriaceae*)	초산균(*Acetobacter*)	
	나이세리아과 (*Neisseriaceae*)	아시네토박터(*Acinetobacter*)	
		모락셀라(*Moraxella*)	
	기타	알칼리게네스속(*Alcaligenes*)	초산균 (*Acetobacter*)
		플라보박테리아(*Flavobacterium*)	
그람 양성 구균	미구균과 (*Micrococcaceae*)	미구균(*Micrococcus*)	
		포도상구균(*Staphylococcus*)	
	기타	연쇄상구균(*Streptococcus*)	포도상구균 (*Staphylococcus*)
		류코노스톡속(*Leuconostoc*)	
그람 양성 포자형성 간균	클로스트리디움 (*Clostridium*)	클로스트리디움(*Clostridium*)	
	간균(*Bacillus*)	간균(*Bacillus*)	클로스트리디움(*Clostridium*)
그람 양성 비포자형성 간균	리스테리아(*Listeria*)	리스테리아(*Listeria*)	 리스테리아 (*Listeria*)
	젖산간균 (*Lactobacillus*)	젖산간균(*Lactobacillus*)	
	코리네박테리움 (*Corynebacterium*)	코리네박테리움(*Corynebacterium*)	젖산간균 (*Lactobacillus*)

MEMO

3) 형태에 의한 식육 미생물의 분류

(1) 박테리아(Bacteria)

박테리아 또는 세균은 다른 생물과 달리 진핵을 가지고 있지 않은 단세포 미생물로, 핵막이나 미토콘드리아, 엽록체와 같은 구조를 가지고 있지 않은 원핵생물이다. 모양에 따라 동그란 구형(Cocci)과 막대모양의 간상(Bacilli)으로 나누고, 염색법에 따라서는 그람양성균(Gram +) 또는 그람음성균(Gram -)으로 구분한다. 염색법은 박테리아의 세포벽 구조의 차이에 의해 나타나는 특이성을 이용하여 염색을 실시하게 되는데, 그람양성균은 파란색으로, 그람음성균은 빨간색으로 염색된다. 몇몇 박테리아는 열에 대한 내성이 강한 포자를 생성하는 것이 있는데, 포자를 생성하는 박테리아 중 대표적으로 식중독을 일으키는 박테리아는 클로스트리듐 퍼프린젠스균(*Clostridium perfringens*), 클로스트리듐 보툴리눔균(*Clostridium botulium*), 바실러스 세레우스균(*Bacillus cereus*) 등이 있다.

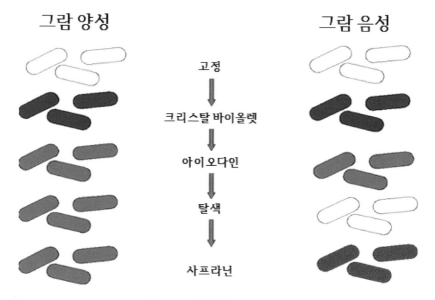

<그림 54> 그람 염색법(CMS Education)

MEMO

신선육의 부패는 대부분 그람양성균보다 그람음성균에 의해 많이 발생한다. 그람양성균은 그람음성균에 비해 열에 대한 내성이 강하고 수분활성도에 대해서도 내성이 강하기 때문에 열을 처리한 육제품이나 수분활성도가 낮은 육제품에서의 부패는 주로 그람양성균에 의해 발생하게 되고, 이와는 반대로 열처리가 없고 수분활성도가 높은 신선육의 부패는 그람음성균에 의해 많이 발생하게 된다. 신선육의 부패에 관여하는 세균은 저장온도에 따라 매우 민감하게 작용하는데, 저장온도에 따라 저온성, 중온성, 고온성 세균으로 구분하고, 각각의 최적 생장 온도가 다르다.

<표 27> 생장 온도별 주요 미생물

분류	생장 온도	주요 미생물
저온성 세균 (Psychrophilic)	0℃~20℃	*Arthrobacter spp Psychrobacter spp* *Pseudomonas*
중온성 세균 (Mesophilic)	10℃~45℃	*Listeria monocytogenes* *Staphylococcus aureus* *Escherichia coli*
고온성 세균 (Thermophilic)	40℃~70℃	*Chloroflexus aurantiacus* *Thermus aquaticus* *Thermus thermophilus* *Spirochaeta americana*

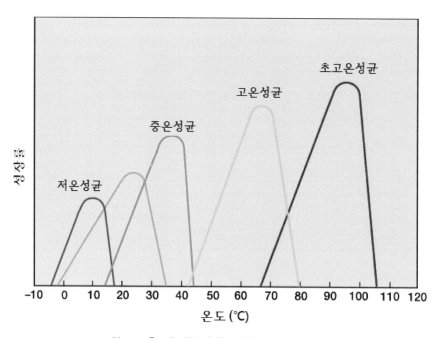

<그림 55> 온도에 따른 미생물 성장(Pearson Education)

MEMO

식육을 냉장고에 보관할 때는 주로 저온성 세균이 생장하여 식육을 부패시키고, 냉장고에 보관하지 않을 때는 중온성 세균이 부패의 원인이 된다. 도축을 하는 과정에서 식육에 오염된 세균은 대부분이 가축의 장내에서 유래한 중온성 세균이라고 할 수 있다. 이러한 미생물의 성장을 억제시키기 위해서는 도축 시에 위생관리와 온도관리가 중요하게 작용하기 때문에 도체 분변으로부터 오염되지 않도록 취급에 주의해야 하며, 빠른 시간 안에 식육의 온도를 미생물이 잘 성장하지 못하는 낮은 온도 조건으로(4℃) 낮추어야 한다.

(이상 『근육식품의 과학』, 『식육처리기능사 1』 참조)

(2) 효모(Yeast)

효모는 진핵세포의 구조를 가지고 있으며 크기는 박테리아보다 약 10배 정도이고 모양은 원형 또는 타원형이다. 대부분의 효모는 세포의 표면에 작은 돌기가 생기면서 점차 커지게 되고 둘로 나누어져 증식한다. 제빵 효모나 맥주 효모의 경우에는 자낭포자(Ascospore)라고 하는 포자를 형성하는데, 박테리아의 포자(내열성이 있음)와는 달리 내열성이 약해서 습윤 살균 시 60℃에서도 쉽게 사멸하게 된다. 하지만 효모는 수분활성도에 대한 내성이 강하여 베이컨이나 발효 소시지와 같은 수분활성도가 낮은 육제품에서 부패를 일으킨다. 또한 효모는 느린 증식 속도로 인해 보존기간이 긴 육제품 부패의 원인이 되는 경우가 많다.

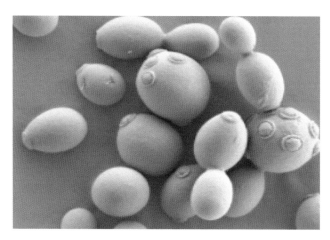

<그림 56> 효모(Yeast)(『Wikipedia』)

MEMO

(3) 곰팡이(Fungi)

곰팡이는 출아법으로 생식을 하는 효모를 제외한 진균류 중에서도 보통 본체가 실처럼 가늘고 긴 모양의 균사로 되어 있는 균을 말한다. 곰팡이는 실모양의 균사(Hyphae)를 분지하여 유기물을 분해하면서 영양을 섭취하고, 이 균사를 집합하여 영양기관인 균사체(Mycelium)를 형성한다. 그 위로는 생식기관인 자실체(Fruiting body)를 만들어 포자를 생성하여 번식한다. 곰팡이는 빙결점 이하의 낮은 온도에 보관된 식육에서도 증식이 가능하다. 또한 산소가 있어야 증식할 수 있기 때문에 대부분 고기의 표면에서만 성장이 가능하다. 곰팡이는 수분활성도에 대해 내성이 강하고, 냉동온도에서도 성장할 수 있기 때문에 장기간 저장된 동결육의 부패와 관련이 있다. 이런 부패와 관련된 곰팡이는 누룩곰팡이(*Aspergillus*)와 푸른곰팡이(*Penicillium*) 등이 있다.

(이상 『식육처리기능사 3』 참조)

<그림 57> 곰팡이(Fungi)(『Wikipedia』)

4) 미생물의 성장

(1) 미생물 성장 곡선

미생물은 일정한 조건 아래서 증식하게 되는데, 이것을 미생물 성장 곡선(Growth curve), 혹은 증식 곡선이라고 부른다.

MEMO

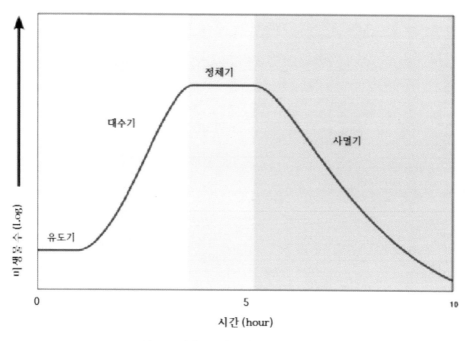

<그림 58> 미생물 성장 곡선(Pearson Education)

　미생물의 증식과정을 살펴보면, 증식 초기에는 거의 증식이 이루어지지 않는데 이를 유도기(Lag phase)라고 하고, 그 후 급격히 미생물의 증식이 일어나는데 이를 대수기(Log phase, Exponential phase)라고 한다. 그 다음으로 활발한 증식이 끝난 후 미생물의 수가 더 이상 늘어나지 않고 유지되는데 이를 정체기(Stationary phase)라고 한다. 끝으로 미생물 수가 점차 감소되는데 이를 사멸기(Death phase, Logarithmic decline phase)라고 한다.

　미생물이 최초로 식육에 오염되면 새로운 환경에 적응하기 위한 시간이 필요한데 이로 인해 성장이 부진하게 된다. 따라서 유도기의 기간은 식육의 기질과 환경, 조건에 따라 영향을 받게 된다. 미생물이 기질에 적응하고, 유도기를 지나게 되면 세포분열을 통해 급격히 증식하는 대수기가 시작된다. 대수기에서 미생물 증식속도는 미생물의 종류, 미생물의 성장에 영향을 미치는 온도, pH 등의 환경조건에 의해 결정된다. 대수기를 지난 후 미생물의 수가 더 이상 늘어나지 않는 정체기에 접어들게 되는데 이 과정은 완만히 이루어진다. 미생물 증식률의 결정적인 요인은 기질에 영양성분의 농도인데 이로 인해 정체기의 기간이 결정된다. 이 후 영양성분이 떨어지고, 미생물들이 분비하는 물질들로 인해 세포 분열이 억제되어 미생물들이 감소하는 사멸기가 시작된다. 젖산균(*Lactobacilli*)이나 대장균(*E. coli*) 등은 산을 생성하고, 효모 등은 알코올(Alcohol)을 생성

MEMO

하는데, 이렇게 자신들이 만들어낸 축적물들로 인해 미생물의 성장이 억제되고 시간이 지나면서 미생물들이 서서히 사멸된다. 미생물의 증식은 기하급수적으로 이루어지기 때문에 미생물의 생장조건이 좋으면 폭발적인 증식이 이루어져 식육이 쉽게 부패된다. 일반적으로 신선한 식육에서 미생물의 수준은 약 $10^3CFU/g$이며, 식육의 부패는 대수기 말기에 시작된다고 할 수 있는데, 이때의 세균 수는 약 $10^7CFU/g$이며, 점액의 생성과 이취 발생이 일어난다. 미생물 성장에 의한 고기의 부패를 줄이기 위해서는 초기 오염을 줄이는 것이 가장 중요하다.

(이상 『식육과학』, 『식육의 과학과 이용』 참조)

(2) 미생물 성장에 영향을 미치는 요인

① 영양소

미생물이 자라는 데는 물과 산소 이외에도 다양한 영양소가 필요하며, 식육은 탄수화물, 지방, 단백질과 같은 에너지원과 비타민, 무기질과 같은 미량원소 등 미생물이 성장하는 데 필요한 모든 영양소를 함유하고 있기 때문에 미생물 성장의 최적 조건을 가지고 있다.

(이상 『식육과학』, 『식육처리기능사 2』 참조)

② 온도

앞에서 살펴본 바와 같이 미생물은 고온균(Thermophilic), 중온균(Mesophilic), 저온균(Psychrophilic)으로 구분되는데, 육에 있어 대부분의 부패균과 식중독균은 중온균이며, 식육부패의 주요 미생물인 슈도모나스(*Pseudomonas*)는 생리적온(37℃)에서 잘 성장할 뿐만 아니라 저온에 일부 내성을 가지고 있다. 슈도모나스 속 미생물은 고기 부패균의 50~60%를 차지하고 있다.

③ 수분활성도(Water activity, Aw)

식육의 수분활성도는 같은 온도에서 순수한 물의 증기압(P)에 대한 식육 내 존재하는 수분의 증기압(P_0) 비율을 말한다. 실제 미생물들이 이용하는 유용수분은 수분활성도(Aw)로 표시한다. (순수한 물의 수분 활성도 (Aw)=1, 일반적인 식품 수분 활성도 (Aw) < 1) 수분은 미생물이 성장하는 데 있어 필수적인 요소이며, 미생물마다 생장에 있어서 최적의 수분 함량이 다르게 작용된다. 식육 내 수분은 유리수, 결합수, 고정수로 분류되

MEMO

는데, 미생물이 이용하는 수분은 유리수이다. 가공 과정에서 유리수를 제거하면 식육 내 용질의 농도가 높아지게 되고, 수분활성도가 낮아지므로 미생물의 성장은 억제된다. 다른 방법으로는 식육 내에 소금을 첨가하여 용질의 농도를 높여주면 수분활성도가 감소하여 저장성을 길게 할 수 있다.

(ERH $= n_1/(n_1 + n_2) \times 100 = P/P_0 \times 100 = $ Aw $\times 100$, ERH $=$ 식품 주위의 평형상대습도, $n_1 = $ 식품 중의 물의 몰(mol) 수, $n_2 = $ 식품 중의 용질의 몰(mol) 수)

식육의 수분활성도는 0.99 수준으로 순수한 물에 매우 가깝기 때문에 미생물이 성장할 수 있는 좋은 수분 조건을 가지고 있다.

<표 28> 성장 가능한 최소 수분 활성도

미생물별 성장 가능한 최소 수분 활성도	
미생물 분류	최소 수분 활성도(Aw)
Gram 음성세균	0.97
Gram 양성세균	0.90
효모	0.88
곰팡이	0.80
호염성 세균	0.75
호건성 곰팡이	0.61
호압 효모	0.60

(Wikia)

<표 29> 성장 가능한 최소 수분 활성도

미생물별 성장 가능한 최소 수분 활성도	
미생물 분류	최소 수분 활성도(Aw)
Clostridium botulinum *Bacillus cereus* *Pseudomonas aeroginosa* *Salmonella spp*	0.95
Staphylococcus aureus(혐기성) *Candida spp*	0.90
Staphylococcus aureus(호기성)	0.86
Penicillium spp	0.82
부패 효모	0.88
부패 곰팡이	0.80
호압 효모	0.70

(NSF)

MEMO

④ 수소이온농도(pH: Potential of Hydrogen)

수소이온농도(pH)는 화학에서 물질의 산성, 염기성의 정도를 나타내는 수치이다. 수소이온의 해리농도를 로그의 역수를 취해 나타낸 값으로 수소이온 활동의 척도이다. 수소이온(H^+)이 많아질수록 산성에 가깝고, 반대로 적어질수록 염기성(OH^-)에 가까워진다. pH 7인 중성을 기준으로 하여, pH가 7보다 작은 용액은 산성, 7보다 큰 용액은 염기성이라 한다.

미생물은 각각 생장에 필요한 최적의 pH 범위가 있다. 이 최적의 pH 범위를 만족하지 못하면 각각의 미생물의 증식이 억제된다. 일반적으로 대부분의 미생물은 중성 pH인 7.0 부근에서 가장 잘 생장하며, 이보다 낮은 pH 5.0 부근에서는 성장이 억제되지만, 일부 세균 및 효모와 같은 경우에는 pH 5.0 부근에서도 잘 성장한다. 곰팡이는 pH 3.0에서도 증식하며, 몇몇 종은 pH 2.0에서도 성장하는 것도 있다. 가장 넓은 pH 범위에서 생장이 가능한 미생물은 곰팡이이고, 그 다음으로는 효모, 유산균, 포도상구균 등 순이다. 식육의 pH 수준은 미생물의 성장과 밀접한 관련이 있다. 그 예로 먼저 돈육에 있어 PSE육은 pH가 낮아 미생물의 성장이 상대적으로 억제되지만, 이와는 반대로 DFD육의 경우 pH가 높기 때문에 미생물의 증식 촉진으로 인해 상대적으로 빨리 부패될 수 있다. 우유를 유산균 발효 시에는 유산균이 발효균으로써 유익한 작용을 하지만, 신선육에서 유산균은 고기를 부패시키는 역할을 한다. 또한 유산균은 낮은 pH에서도 잘 성장하는 특징을 가진다.

⑤ 산소

미생물은 산소가 있어야 생장하는 호기성균(Aerobic), 산소가 있어도 생장하고 없어도 생장하는 통성혐기성균(Facultative anaerobic), 산소 없는 조건하에서 생장하는 혐기성균(Anaerobic) 등으로 구분된다. 곰팡이나 효모와 주요 부패균인 슈도모나스(*Pseudomonas*)는 산소가 존재하는 상태에서 잘 자라는 호기성균이다. 식중독균 중에는 산소가 있으면 살지 못하는 절대 혐기성균이 있는데 대표적인 혐기성 식중독균이 보툴리눔균(*Clostridium botulinum*)이다. 보툴리눔균은 절대혐기성 균이기 때문에 산소를 완전히 차단한 통조림 등에 성장할 수 있는 식중독균이다. 또한 유산균은 산소가 없는 혐기성 조건에서도 잘 성장하기 때문에 진공 포장육에도 존재할 수 있다.

MEMO

⑥ 산화환원전위

생물학적으로 호기성균이나 혐기성균은 산소 농도에 따라 달라지기 때문에 명확히 구분하기 어렵다. 생물학에 있어서 산화 또는 환원은 단지 산소의 이동만이 아닌 수소원자의 이동으로도 설명될 수 있는데, 이처럼 어떤 호기성균은 산소 분자가 존재하지 않더라도 수소 수용체가 있으면 생장이 가능하고, 반대로 산화환원전위차를 충분히 감소시키면 어떤 혐기성균은 산소분자가 존재하여도 생육이 가능하기 때문이다.

(이상 『식육의 과학과 이용』, 『식육처리기능사 2』 참조)

3. 식육의 부패

1) 미생물에 의한 식육의 부패 기작

부패는 식육의 변질 중에서도 미생물에 의한 변질만을 의미한다. 따라서 식육이 부패된다는 것은 식육에서 미생물이 생장하면서 시작한다고 볼 수 있다. 미생물이 성장하기 위해서는 식육에서 영양분을 섭취해야 하는데 이 과정에서 처음부터 식육 자체를 섭취하는 것이 아니라 먼저 효소 분비를 통해 식육을 잘게 분해하여 영양분을 섭취하게 된다. 식육 내에서 미생물이 가장 쉽게 이용하는 영양분은 탄수화물, 단백질, 지방 순이다.

(1) 탄수화물의 부패

탄수화물은 혈액 내에서 포도당(Glucose)의 형태로 존재하고 식육 내에서 글라이코겐 (Glycogen) 형태로 존재하는데, 미생물에 의해 주로 다당류로 분해되어 흡수되며 다시 미생물의 체내 효소에 의해 분해되어 CO_2나 산으로 분해된다.

(2) 단백질의 부패

식육에서 수분을 제외하면 가장 많은 양을 차지하는 성분이 단백질인데, 단백질은 먼

MEMO

저 펩타이드(Peptide)로 분해되고, 다시 아미노산으로 분해된다. 아미노산은 다시 일부는 직접 미생물이 이용하거나, 일부는 다시 여러 가지 기체나 지방산 또는 알코올 등으로 분해된다. 이때 암모니아나 아황산가스 또는 CO_2 등의 가스가 식육에 녹아 액체 상태로 되면, 점액이 형성되는데 이는 부패취를 발생시키는 원인이 된다. 단백질을 분해하는 대표적인 미생물로는 장내세균과(*Enterobacter*), 슈도모나스(*Pseudomonas*), 클로스트리디움균(*Clostridium*), 간균(*Bacillus*) 등이 있다.

(3) 지방의 부패

식육의 지방은 미생물의 가수분해 과정을 통해 글리세린(Glycerin)과 지방산으로 분해되는데 주로 미생물이 생성하는 리파제(Lipase)라는 효소에 의해 분해되고, 이런 효소를 분비해서 지방을 분해하는 대표적인 미생물은 슈도모나스(*Pseudomonas*), 프로테우스(*Proteus*), 미구균(*Micrococcus*) 등이 있다.

(4) 호기성 부패

호기성 부패는 호기성 세균에 의해서 야기되는 부패로 주로 표면에 생장하는 세균들에 의하여 발생된다. 그람음성균인 슈도모나스(*Pseudomonas*), 모락셀라(*Moraxella*), 아시네토박터(*Acinetobacter*)가 주요 원인균이다. 이들 미생물들은 생장하면서 과산화수소, 황화수소 등을 생산하면서 고기의 변색을 야기하고, 지방 분해효소를 통해 고기가 산패될 수 있으며 표면에 황색, 청색 등의 반점을 형성하기도 한다.

(5) 혐기성 부패

호기적인 상태에서 산소가 없는 혐기적인 상태로 저장조건이 바뀌면 주요 부패균 역시 그람음성균에서 그람양성균으로 바뀐다. 그람양성균에 의한 부패는 지방이나 단백질 분해가 매우 제한적이기 때문에 일반적으로 이취의 발생이 적다. 이들 미생물들은 탄수화물을 분해하여 산을 형성하며, 그 중에서 조건적 혐기성 세균인 유산균에 의한 부패는 시큼한 냄새만을 생성하기 때문에 절대적 혐기성 세균에 의한 부패보다는 그 강도가 적다.

MEMO

2) 신선육의 부패

　식육에 오염되어 있는 부패를 야기하는 세균은 주로 그람음성균(Gram negative)이며, 부패원인균 중에서 슈도모나스(*Pseudomonas*)가 대부분(60%)을 차지하고 있으며, 아시네토박터(*Acinetobacter*), 에어로모나스(*Aeromonas*), 알칼리게네스속(*Alcaligenes*), 플라보박테리아(*Flavobacterium*), 모락셀라(*Moraxella*), 장내세균(*Enterobacteriaceae*) 등이 있다. 미생물 성장 억제 측면에서 신선육의 처리 보존 시 가장 중요한 것은 냉장실의 상대습도와 송풍속도이다. 식육 표면을 어느 정도는 건조시켜야(심한 건조가 아닌) 미생물 생장을 줄일 수 있고, 너무 낮은 상대습도와 빠른 송풍속도는 오히려 도체중의 감량을 유발하게 되어 많은 경제적 손실을 가져올 수 있으므로 주의해야 한다. 냉장고의 습도가 낮으면 표면미생물의 성장을 일부 억제시킬 수는 있으나 식육의 수분이 손실될 수 있고, 상대습도가 높으면 식육의 수분손실은 방지할 수 있으나 표면미생물의 성장 가능성이 높아진다. 그렇기 때문에 식육에서 미생물의 오염을 방지하기 위해서는 가장 먼저 도축, 발골, 이동 또는 포장과정 중에 미생물의 오염을 최소화하는 것이 가장 중요하다고 할 수 있다.

<그림 59> 신선육(왼쪽)과 부패육(오른쪽)

3) 도축 시 도체의 오염

　일반적으로 도체는 도살공정에서부터 오염이 시작된다고 할 수 있다. 방혈, 박피, 분할 과정에서 발생하는 오염원은 가축의 표피에 묻어 있는 분변이나 장 내용물 등에서 주로 야기된다. 초기 오염 수준을 낮추기 위해서는 도축 전 수세와 절식, 그리고 도축 후 도체의 수세와 신속한 냉장이 필수적이다. 다만 사후강직이 완료되기 전 도체를 빠르

MEMO

게 냉장시키면 저온단축 현상이 발생할 수 있으므로 도체온도가 5℃ 정도까지 도달하는 데 돼지의 경우 12시간, 소의 경우 20시간 정도의 속도로 온도를 낮추는 것이 권장되고 있다. 도살 방법에 따라서 도체의 미생물 오염 정도와 오염 미생물의 종류는 크게 영향을 받지 않으며, 주로 도살 후 처리방법에 크게 영향을 받는다. 가축의 피부, 가죽, 털, 발굽, 내장 등은 오염의 가능성이 매우 크며, 소의 경우 가죽과 도체를 세척하는 물이 식육 부패의 원인이 되는 저온성 미생물들(아시네토박터(*Acinetobacter*), 슈도모나스(*Pseudomonas*), 모락셀라(*Moraxella*) 등)의 오염원이 될 수 있다. 도살과정에서는 주로 방혈 시 도살 도구(자도)로부터 혈액에 침투된 세균이 혈액순환에 의해 조직으로 퍼져서 도체의 심부가 미생물에 오염이 될 수 있다. 피부에서는 주위 환경, 계류, 가축들 간의 접촉에 의해 미생물이 유래될 수 있고, 장 내용물에는 병원성 세균이 존재할 수 있다. 그러므로 최대한 도살 전에 배설물을 제거하여 미생물 수를 감소시킨 다음 도축장으로 이동시키는 것이 오염을 줄일 수 있는 방법이 된다. 도축장에서는 주로 가죽, 내장 그리고 배설물에서 유래된 미생물을 통해 오염이 이루어지기 때문에 보다 세심한 주의를 기울여 다루어야 한다. 박피한 가죽, 도축과정이 끝난 지육, 가공장의 바닥이나 벽에도 식육의 주요 부패균인 저온성 미생물들이 존재하기 때문에 이 또한 유의해야 한다. 도축장의 미생물 오염을 감소시키기 위해서는 적절한 세척이 필요한데, 과도한 세척수는 오폐수의 발생을 증가시킬 수 있으므로, 유기산이나 염소가 함유된 물로 세척하는 것이 바람직하다.

4) 지육, 정육의 부패

식육은 발골 작업 시 작업자의 손, 도구, 작업대를 통해서도 미생물에 오염될 수 있는데, 발골 작업 시에는 중온성균의 오염이 호냉성균보다 쉽게 이루어진다. 따라서 작업자, 도구, 작업대, 바닥, 벽 등의 위생이 종합적으로 이루어져야 하는데, 특히 작업자를 위한 수세 시설(수도 공급, 세제, 건조 시설 등)이 식육을 취급하는 모든 공정에서 기본적으로 마련되어야 한다. 작업자는 청결한 손과 발톱의 유지, 위생복, 위생모, 마스크의 착용을 반드시 해야하며, 반지, 목걸이와 같은 보석 착용, 매니큐어 등을 금지해야 한다.

식육의 냉장 저장은 미생물로 인한 식육의 부패를 지연시킬 수는 있지만 미생물의 증식을 완전하게 방지하지는 못하기 때문에 절대적인 방법이 아니라는 것을 명심해야 한

MEMO

다. 저장 초기의 미생물 수가 식육의 저장기간을 좌우하는 것이기 때문에 이를 중요시하여 미생물 오염원을 최대한 감소시키는 것이 중요하다. 냉장 저장 시 저온을 일정하게 유지하고 습도는 너무 높지 않도록 하고, 사후강직이 끝난 식육은 가능한 빠른 시간 내에 지육을 냉각시키는 것이 중온성 미생물들의 성장을 억제하는 좋은 방법이 될 수 있다. 식육의 온도가 4℃ 이상이 되는 경우에 중온성 미생물의 성장이 가능하기 때문에 지육을 발골, 해체하여 유통시키는 전 과정에서 냉장상태를 유지하는 것이 중요하다.

냉장 중 대표적으로 식육에 쉽게 증식하여 부패를 일으키는 것으로 슈도모나스(*Pseudomonas*)가 있고, 이를 비롯하여 많은 저온성 미생물들, 특히 호기성 세균, 곰팡이, 효모 등이 있다. 슈도모나스(*Pseudomonas*)는 대표적인 저온성 세균으로 저온에서 발육이 잘 되며, 식육 내에서 시큼한 이취를 발생시키고 육색을 변화시켜 식육의 품질을 저하시킨다. 미생물은 냉동 저장 시 약 -20℃ 이하의 온도에서 증식을 멈추지만 사멸되지는 않는다. 그러나 소고기에 주로 존재하는 기생충인 선모충(Trichinella)은 -10℃에서 10일 정도면 사멸되기도 한다. 냉동 전에는 식육의 미생물은 그람양성균이 25% 그리고 그람음성균이 75% 정도를 차지하지만, 해동 후에는 반대로 그람양성균이 75% 그리고 그람음성균이 25% 정도로 그 비율이 변화한다. 이러한 이유는 *E. Coli* 같은 그람음성균은 냉동 온도에 민감하여 사멸되기 쉽지만 연쇄상구균(*Streptococcus*)과 같은 그람양성균은 냉동 온도에서 사멸되기 어렵기 때문이다.

식육을 해동하여 소비하고 남은 식육을 다시 냉동하고 나중에 또 소비하게 되는 경우는 바람직하지 못하다. 이러한 이유는 미생물은 일정한 조건 하에서 급속히 성장하는데 만약 이중에서 식중독균 같은 병원성균이 증식하게 된다면 사람에게 매우 치명적이기 때문이다. 일반적으로 사람들은 이취나 육색 등의 변화로 식육의 변패를 구분하지만, 눈에 보이지 않는 미생물들이 많이 존재하며 인간에게 질병을 일으킬 수 있다. 식육을 진공 포장해서 보관할 경우에도 혐기성 미생물들이 성장할 수 있기 때문에 진공 포장육이라 할지라도 일정 시간이 지나면 부패될 수 있다.

5) 육제품의 부패

육제품의 부패에 관여하는 미생물의 오염은 1차 오염과 2차 오염으로 나눌 수 있다. 1차 오염은 원료육이나 부재료로 인한 오염을 말하고, 2차 오염은 육제품의 제조, 포장

MEMO

이나 취급 시 발생하는 오염을 말한다. 원료육의 오염정도에 따라 육제품의 보존 기간(Shelf life)이 결정되며, 육제품 제조 중 첨가되는 향신료, 대두단백질, 전분 등과 같은 첨가물에 오염되어 있는 미생물도 저장기간에 영향을 줄 수 있다. 천연 향신료의 경우에는 다른 첨가물보다 미생물의 오염도가 높기 때문에 더욱 주의해야 한다. 가열 처리된 육제품은 미생물이 증식하기에 알맞은 영양배지가 되기 때문에 역시 초기 오염 미생물을 줄이는 것이 중요하다. 1차 오염에 관계되는 미생물들은 대부분 포자상태로 존재하고 있기 때문에 가열처리 후에도 살아남아 발아하여 증식할 수 있다. 2차 오염은 육제품 취급자의 손, 의복 또는 포장지 등에 의한 오염으로 발생되는데 이로 인해 육제품이 부패될 수 있다. 보통 육제품은 진공 포장을 실기하기 때문에 산소가 필요한 호기성균보다는 혐기성균에 의해 부패가 일어나는 경우가 많다. 또한 약 10℃ 정도의 낮은 온도에서 공정이 이루어지기 때문에 중온성균이나 고온성균보다는 저온성균에 의한 부패가 일어난다. 따라서 제조하여 포장한 이후 2차 살균공정 등을 통하여 미생물을 사멸하는 것이 필요하다.

(이상 『식육과학』, 『식육의 과학과 이용』, 『식육처리기능사 3』 참조)

4. 병원성 미생물과 식중독

1) 식중독의 분류

식중독이란 음식물의 섭취를 통해 인체에 들어간 미생물이나 여러 가지 유독 물질에 의해 발생되는 질병을 말한다. 대부분의 식중독균이 30℃ 정도의 높은 온도에서 잘 성장하기 때문에 주로 겨울보다 여름에 식중독 발생률이 높다. 일반적으로 병원성 또는 식중독 미생물들은 체온 근처의 생리적온 37℃에서 가장 잘 자란다. 식중독은 그 원인에 따라 크게 세균성 식중독과 화학적 식중독으로 구분된다.

(이상 "식품의약품안전처" 참조)

MEMO

<표 30> 식중독의 분류

대분류	중분류	소분류	원인균 및 물질
미생물	세균성	감염형	살모넬라, 장염비브리오균, 병원성 대장균, 캠필로박터, 여시니아, 리스테리아 모노사이토제네스, 클로스트리디움 퍼프린제스, 바실러스 세레우스
		독소형	황색포도상구균, 클로스트리디움 보툴리눔 등
	바이러스성	공기, 접촉, 물 등의 경로로 전염	노로바이러스, 로타바이러스, 아스트로바이러스, 장관아데노바이러스, 간염 A 바이러스, 간염 E 바이러스 등
화학물질	자연독	동물성 자연독에 의한 중독	복어독, 시가테라독
		식물성 자연독에 의한 중독	감자독, 버섯독
		곰팡이 독소에 의한 중독	황변미독, 맥가독, 아플라톡신 등
	화학적	고의 또는 오용으로 첨가되는 유해물질	식품첨가물
		본의 아니게 잔류, 혼입되는 유해물질	잔류농약, 유해성 금속화합물
		제조, 가공, 저장 중에 생성되는 유해물질	지질의 산화생성물, 니트로소아민
		기타 물질에 의한 중독	메탄올 등
		조리기구, 포장에 의한 중독	녹청(구리), 납, 비소 등

2) 세균성 식중독

세균성 식중독은 크게 감염형 식중독과 독소형 식중독으로 나눌 수 있다. 감염형 식중독은 식품과 함께 섭취된 병원균이 인체 내에서 증식하거나 또는 이미 균이 증식된 식품을 섭취하여 질병이 발생하는 경우를 말한다. 즉 미생물 자체에 의한 질병으로 볼 수 있다. 감염형 식중독의 대표적인 균으로는 대장균, 살모넬라, 비브리오 등이 있다. 독소형 식중독은 식품에서 균이 증식하여 생산된 독소가 포함된 식품을 섭취하여 인체 내에서 발생되는 경우를 말한다. 대표적인 균으로는 포도상구균($Staphylococcus$)이나 보툴리눔 균($Botulinum$) 등이 있다. 식중독 미생물이 많이 증식되어도 식육의 외관, 냄새, 맛 등에는 영향을 미치지 않는 경우가 많으며, 고기의 주요 부패미생물인 슈도모나스와 같은 미생물은 식중독을 야기하지 않기 때문에 식육에 있어 식중독 균의 오염 여부를 육안으로만 판단하는 것은 어렵다. 즉 독소형 식중독은 미생물 자체보다는 미생물이 만들어낸 독소에 의해 발생하는 질병으로 가열처리 등의 방법으로 미생물을 제거했다 하더라도 열에 강한 독소가 식품에 존재하여 식중독을 일으킬 수 있다.

MEMO

(1) 감염형 식중독

신선육에서 주로 발견되는 병원성 미생물은 살모넬라균(*Salmonella*)이 있는데 살모넬라균에 의한 식육의 오염이 가장 빈번하게 발생한다. 살모넬라균(*Salmonella*)은 사람을 포함해서 다양한 동물들의 내장에서 주로 발견되는데, 도축 과정에서 내장을 적출할 때나 감염된 림프선과의 접촉 등으로 오염될 수 있다. 또한 가공처리 과정에서 가공자의 손이나 옷에 의해 식육으로 옮겨져 오염이 발생될 수도 있다. 또한 여시니아균(*Yersinia enterocolitica*), 캠필로박터균(*Campylobacter jejuni*), *E-coli* O157:H7균, 리스테리아균(*Listeria monocytogenes*) 등이 식육에서 감염형 식중독을 일으키는 주요 세균이다. 일반적으로 감염형 식중독 균의 독소는 주로 세균의 세포벽에 존재하다가 세균이 대량으로 증식한 후 사멸하면 미생물 몸 밖으로 배출되어 식중독을 일으키게 되고 또한 감염형 식중독 균이 장점막, 간, 근육 등에 침투하기 때문에 감염형 식중독에 감염되는 복통, 설사, 구토 등과 함께 발열반응이 일어나는 특징을 가진다.

(2) 독소형 식중독

독소에 의한 식중독에는 화농성균(황색포도상구균, *Staphylococcus aureus*)에 의한 것이 있는데, 식육 처리 과정 중에 작업자의 상처에서 자라는 화농성균이 식육에 오염되어 문제를 일으킨다. 식중독 사고 중 많은 경우가 이 화농성균에 의해 발생되고 있다. 따라서 상처가 있을 경우에는 고기를 취급하지 않는 것이 바람직하다. 황색포도상구균 이외에 가스괴저균(*Clostridium perfringens*), 보툴리늄균(*Clostridium botulinum*) 등이 독소를 생성하여 식중독을 일으키는 세균이다. 가스괴저균(*Clostridium perfringens*)은 자연에 널리 존재하지만, 일반적으로 사람과 동물의 장에 서식한다. 그러나 때때로 흙이나 공기, 식육을 담은 접시나 식육을 처리하는 작업장에서 발견되기도 한다. 보툴리늄균(*Clostridium botulinum*)은 식육의 대표적인 혐기성균으로 신선육에서는 큰 문제가 되지 않지만, 만약 오염된다면 다른 병원성 미생물들보다 활성이 좋고, 치명적이기 때문에 더욱 심각한 문제를 야기할 수 있다. 따라서 진공 포장 시 이 병원균에 대해 세심한 주의가 필요하다. 황색포도상구균(*Staphylococcus aureus*)은 사람의 주로 피부와 코에 존재하여 항상 이 두 곳으로부터 감염이 시작되며 식육의 냉동저장 중에는 쉽게 성장하지 못한다. 일반적으로 황색포도상구균의 오염은 작업자에 의해 많이 발생하므로 작업자의 위생지표로 판단

MEMO

하기도 한다. 즉 식육이나 육제품에서 황색포도상구균이 발견되었다고 한다면 작업자의 위생상태가 불량했다고 볼 수 있다. 또한 독소형 식중독에의 주요 증상으로는 복통, 설사, 구토 등이 있으며, 감염형 식중독과 달리 발열반응이 없는 경우가 많다.

(3) 기생충 감염

식육을 가열하지 않고 생식을 하는 경우에는 식육에 존재하는 기생충에 감염될 확률이 있다. 또한 가열을 하더라도 조리기구 등을 통해 기생충에 감염될 수 있으며, 대표적인 기생충으로는 촌충과 선모충이 있다.

① 촌충

촌충은 조충이라고도 하며 소나 돼지에 낭충 형태로 기생하여 사람이 감염된 육류를 섭취할 경우 감염된다. 예방법은 고기를 충분히 가열한 뒤에 섭취하고 화장실을 사용한 뒤에는 손을 잘 씻도록 하는 것이 기본이다. 돼지고기의 기생충은 유구촌충으로 머리에 갈고리가 있어 갈고리촌충으로도 불리기도 한다. 소고기의 기생충인 무구촌충은 갈고리가 없어 민촌충로 알려져 있으며 소고기를 날로 또는 적절히 조리되지 않은 상태로 먹는 경우에 나타난다. 소화 장애와 복통, 설사, 구토, 불안, 체중감소 등을 일으키지만 증상은 그리 심하지 않은 것으로 알려져 있다.

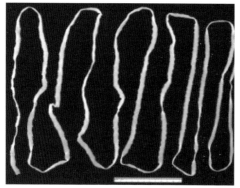 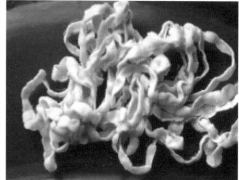

<그림 60> 촌충(『Wikipedia』)

MEMO

② 선모충

선충류라고도 하며, 돼지나 개, 쥐 등과 같은 포유동물에 기생하며 동물의 소장 점막 내에 기생한다. 식육 내 자충이 낭 안에 존재하고 있다가 사람이 섭취하여 감염되며, 감염된 돼지고기를 충분히 가열하지 않고 먹었을 때 감염될 수 있다.

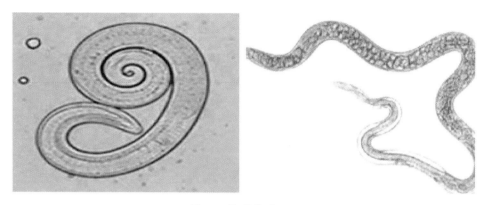

<그림 61> 선모충(『Wikipedia』)

③ 다포충

돼지와 멧돼지, 여우 등에 기생하고 있으며 감염된 들쥐를 개나 여우 등이 포식하는 경우 소장 안에서 성충이 되어 충란을 배출한다. 잠복기가 타 기생충에 비해 길어 증상이 나타나는 데 5년 이상 걸리며, 다포충이 성장하면 간장의 기능이 저하되며 발열과 간기능 장애가 일어난다.

④ 회충

회충은 사람에게 가장 낯익은 기생충으로 야채 등에 부착되어 있는 성숙란을 경구 섭취한 경우 감염된다. 감염 후 성충이 되기까지는 60~75일이 소요되며 수명은 1년 정도이다. 예방법으로는 발효가 덜 된 퇴비나 오물을 비료로 사용하지 않는 것 등이다.

(이상 『식육처리기능사 2』 참조)

3) 화학적 식중독

화학적 식중독은 유독한 화학물질에 오염된 식품의 섭취로 발생하는데 주로 화학물질

MEMO

의 잘못된 사용으로 발생한다. 급성중독의 발생빈도는 세균성 식중독에 비해 적은 편이다. 대표적인 화학적 식중독으로는 보존제, 색소, 향신료, 표백제 등과 같은 화학적 식품 첨가물을 법적 허용 기준을 초과하여 과다 사용한 경우나 유기인제, 유기염소제, 비소화합물과 같은 유독성 물질의 사용, 다량의 중금속이나 산업용 화학물질에 의한 식품의 오염 등이 있다. 화학적 식중독에 걸릴 경우 중독증상을 일으켜 구토, 설사, 복통, 두통, 혈변 등을 유발한다.

<표 31> 식중독의 종류와 특징

원 인	잠복기간	지속시간
C. botulinum(독소)	12～96시간	다양
포도상구균(독소)	0.5～8시간	6～24시간
Streptococcus(독소)	3～22시간	24～48시간
Bacillus cereus(독소)	1～16시간	12～24시간
Sallmonella(감염)	6～72시간	1～7일
E. coli O157:H7(감염)	3～9일	2～9일
간염 A 바이러스(감염)	15～50일	수주～수개월
선모충(감염)	2～28일	수주
C. perfringens(감염)	8～24시간	24～48시간
Vibrio parahaemolyticus(감염)	2～48시간	2～5일
Shigella(감염)	1～7일	2일～2주
Campylobacter(감염)	2～5일	2～10일
Yersinia enterocolitica(감염)	1～2일	1～3일
Listeria monocytogenes(감염)	12시간～3주	다양

(진상근)

4) 식중독 및 식품질환

식육과 육제품은 각종 식중독 및 식품질환을 일으키는 미생물에 오염되어 이로 인해 인체 식중독 및 식품질환을 일으킬 수 있으며, 이러한 병원성 미생물의 종류는 다음과 같다.

(1) 보툴리즘(Botulism)

보툴리즘(Botulism)은 보툴리눔균(*Clostridium botulinum*)이 생성한 독소의 섭취로 발생하는 식중독이다. 토양 중에서 성장하는 혐기성 세균으로, 포자와 가스를 생성하고, 매우 강한 독소를 가지고 있어 중추신경계에 영향을 미치고 호흡마비를 일으키는 신경계

MEMO

독소를 분비한다. 보툴리즘(Botulism)이 발생하는 식품으로는 훈연 가공된 생선, 살균이 불충분한 고기 통조림, 저산성(Low-acid) 과일 통조림 등에서 종종 발생된다. 열처리가 잘 된 식품은 보툴리눔균(C. botulinum)의 포자 발생 빈도가 매우 낮아 육제품에서의 보툴리즘(Botulism) 식중독은 극히 드물다. 독소는 80℃에서 20분, 100℃에서 1~2분 가열을 통해 제거할 수 있으나, 세균은 내열성이 강하여 120℃에서 약 4분 또는 100℃에서 30분 이상 강한 열처리가 필요하다.

질병관리본부 보고에 따르면 국내에서 2003년, 2004년에 각각 식품유래 보툴리눔 독소증 양성 환자가 확인된 사례가 있으나 두 경우의 환자 모두 회복하였으며, 독소형은 각각 A형과 B형으로 확인되었다. 보툴리눔 독소증의 주요 사망원인은 호흡근, 흉근 등의 마비 및 호흡기도 폐쇄로 인한 호흡장애이기 때문에, 1950년대 이전에는 치사율이 60%에 달했지만, 이후 의료시설 및 기술이 발달하면서 5% 미만으로 감소하였다

(이상 "질병관리본부", 『식육생산과 가공의 과학』 참조)

(2) 황색포도상구균(*Staphylococcus aureus*)에 의한 식중독

황색포도상구균(*Staphylococcus aureus*)이 생성하는 내독소(Enterotoxin)에 의하여 발생하는 것으로 이 독소는 위와 장 상피조직에 염증을 일으키지만 병발증이 없는 한 이 식중독에 의해서 사망하는 경우는 많지 않은 것으로 보고되고 있다. 우리나라에서는 살모넬라에 이어 두 번째로 발생량이 많은 식중독균이다. 자연계에 널리 퍼져 있는 황색포도상구균(*S. aureus*)에 감염된 사람(곪은 상처가 있는 사람)이 식품을 조리할 때 주로 발생한다. 이 미생물은 열에 의하여 70℃에서 약 10분 정도의 열처리에 사멸하나, 내독소(Enterotoxin)는 내열성이 있어 121℃에서 30분 정도의 열처리가 필요하다.

(이상 『식육생산과 가공의 과학』, 『식육처리기능사 3』 참조)

(3) 가스괴저균(*Clostridium perfringens*)에 의한 식중독

혐기성이고 포자를 형성하는 가스괴저균(*C. perfringens*)은 신선육, 육제품을 포함한 각종 식품에 널리 존재하는데, 이 균이 생성하는 13가지 이상의 다른 독소에 의해 식중독이 일어나게 된다. 그러나 이 균의 경우는 과량 섭취한 경우에 식중독이 발병한다. 대부분 이 균에 의해 발생하는 식중독은 많은 양의 식육을 준비하여 다음날까지 섭취하거나

MEMO

육제품 중 소고기 로우스트와 같은 가열처리한 제품을 빨리 냉각시키지 않고 천천히 냉각시키거나, 급식 전까지 장시간 상온에서 방치할 때 발생하기 쉽다. 그러므로 이를 방지하기 위해서, 가열처리된 식품은 가급적 빨리 냉각시켜야 하고, 먹다 남을 경우에, 적절한 온도에서 냉장하여야 한다. 또한 이 균을 사멸시키기 위해서는 포자의 내열성 균주에 따라 다른데 100℃ 조건에서 1~4시간까지 가열하여야 한다.

(이상 『식육생산과 가공의 과학』 참조)

(4) 살모넬라증(Salmonellosis)

살모넬라균(*Salmonella*)은 식중독의 고전적인 사례로, *Salmonella enteritidis*가 1884년에 분리되어 여전히 중요한 식중독 미생물로 간주된다. 이 미생물은 그람 음성, 통성 혐기성, 비 포자 형성 간균이며, 주모성 편모에 의해 운동성을 가진다. 대표적인 감염형 식중독균으로 우리나라에서는 발생량이 가장 많은 식중독균이다. 이 미생물은 인체장내에서 성장 및 번식하고, 내독소(Endotoxin)를 생성한다. 살모넬라증의 증상은 장내에서 장벽을 자극하여 메스꺼움, 구토, 두통, 오한, 설사 및 발열 등의 증상을 일으킨다. 증상은 2~3일 동안 지속된다. 대부분의 경우 회복되지만, 유아, 노인, 면역 시스템이 손상된 환자의 경우 사망이 발생할 수도 있다. 가축의 도살 시 장 내용물이나 배설물에 도체가 오염되거나, 가공 과정에서 인체에 의하여 오염될 수 있다. 살모넬라균은 열에 민감하기 때문에 적절한 가열을 통해 미생물을 사멸시킬 수 있는데, 황색포도상구균(*S. aureus*)과 마찬가지로 66℃에서 약 10분 동안 가열하면 거의 사멸되며, 적절한 냉장과 위생시설을 통해 문제를 최소화시킬 수 있다.

(이상 『식육생산과 가공의 과학』, 『식육처리기능사 2』 참조)

(5) 기생충에 의한 질환

대표적으로 선모충(Trichinella spiralis)에 감염된 돼지고기를 충분히 가열하지 않고 섭취할 경우 발생할 수 있다. 돼지고기에 존재하는 유충을 섭취하게 되면 이 유충이 인체 내장벽에 기생하게 된다. 유충이 성숙하여 번식을 하게 되면 다시 혈액 순환계통을 통해 근육조직으로 이동하게 된다. 증상으로는 발열, 복통, 근육통 등이 있다. 선모충증(Trichinosis)을 방지하기 위해서는 돼지고기나, 돼지고기가 함유된 육제품을 내부온도

MEMO

60℃ 이상으로 가열하거나, 냉동상태에서 일정기간 보존하는 방법도 있다. 뿐만 아니라 염지 또는 훈연을 통해 유충을 사멸시켜 선모충증을 방지할 수 있다. 국내에서 소고기나 돼지고기 섭취에 의한 기생충 감염사례는 최근 20여 년간 없었으나 야생 멧돼지나 야생 동물을 섭취한 후 기생충에 감염된 사례는 드물게 보고되고 있다.

(이상 『식육생산과 가공의 과학』, 『식육처리기능사 3』 참조)

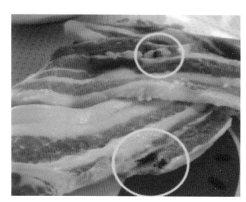

<그림 62> 기생충이 발견된 고기(『Wikipedia』)

참고문헌

Elton D. Aberle, John C. Forrest, David E. Gerrard, Edward W. Mills(2016), Principles of Meat Science, Kemdall Hunt.

강창기, 박구부, 성삼경, 이무하, 이영현, 정명섭, 최양일(1992), 식육생산과 가공의 과학, 선진문화사.
김병철, 박구부, 성삼경, 이무하, 이성기, 정명섭, 주선태, 최양일(1998), 근육식품의 과학, 선진문화사.
김영교, 김영주, 김현욱, 성삼경, 송계원, 이유방(1981), 축산식품학, 선진문화사.
박구부(2004), 식육과학, 선진문화사.
박형기, 오홍록, 신현길, 김천제, 강종옥 외 11명(1991), 식육의 과학과 이용, 선진문화사.
송계원(1982), 식육과 육제품의 과학, 선진문화사.
식육처리연구회(2011), 식육처리기능사 1, 시대고시기획.
진구복 외 19명(2017), 식육·육제품의 과학과 기술, 선진문화사.
진상근(2016), 실용육가공학.
축산물위생연구소(2012), 식육처리기능사 2, 서울고시각.
축산물위생연구소(2015), 식육처리기능사 3, 서울고시각.

그림 참고문헌

<그림 1> 단백질의 입체적 구조. Morita, K.(2015), The Interview: Hemoglobin vs. Myoglobin, National Center for Case Study Teaching in science.
<그림 2> 지방의 구조. https://en.wikipedia.org.
<그림 3> 글리코겐의 구조. http://www.wikiwand.com.
<그림 3> 전분의 구조. http://www.naturenscience.co.kr.
<그림 4> 상피조직의 형태. https://www.slideshare.net.
<그림 5> 세 종류의 뉴런. http://www.cram.com.
<그림 5> 근육과 연결된 뉴런. http://medical-dictionary.thefreedictionary.com.
<그림 6> 활동 전위의 발생. http://blog.naver.com.
<그림 6> 활동전위, 신경전위 action potential. http://blog.naver.com.
<그림 7> 결체조직. https://en.wikipedia.org.
<그림 8> 주요 근육의 분류와 구조. http://humananatomylibrary.com.
<그림 9> 골격근의 구성과 구조. http://www.sport-fitness-advisor.com.
<그림 10> 근육의 미세구조. Rawcett, D. W.(1968), A Textbook of Histology, 9thed W. B. Saunder Company.
<그림 11> 근육 수축 전후 비교. https://www.google.co.kr.
<그림 12> 근원섬유의 구조. http://classes.midlandstech.edu.
<그림 13> 근육 수축을 위한 필라멘트의 활동 기작. http://wmaresh.wikispaces.com.
<그림 14> 자극에 대한 반응의 종류. 천재학습백과. https://youtube.com.
<그림 15> 시냅스. http://terms.naver.com.

<그림 54> 그람 염색법. http://cms.daegu.ac.kr.

<그림 55> 온도에 따른 미생물 성장. 2004. http://cms.daegu.ac.kr.

<그림 56> 효모(Yeast). https://en.wikipedia.org.

<그림 57> 곰팡이(Fungi). https://en.wikipedia.org.

<그림 58> 미생물 성장 곡선. http://classes.midlandstech.edu.

<그림 59> 신선육(왼쪽)과 부패육(오른쪽). http://prologue.blog.naver.com.

<그림 60> 촌충. https://en.wikipedia.org.

<그림 61> 선모충. https://en.wikipedia.org.

<그림 62> 기생충이 발견된 고기. http://marketing360.tistory.com.

표 참고문헌

<표 1> 근육의 화학적 조성. http://cattle.mtrace.go.kr.

<표 2> 고기 종류에 따른 수분, 단백질, 지방의 함량. 진상근(2016), 실용육가공학.

<표 3> 근육의 에너지 대사과정. https://www.slideshare.net.

<표 4> 계류시간별 PSE 돈육 발생률. http://www.koreapork.or.kr.

<표 7> 고기별 사후강직 시간. Elton D. Aberle, John C. Forrest, David E. Gerrard, Edward W.(2016), Principles of meat science.

<표 11> 소고기 부위별 명칭 및 용도. http://www.ekapepia.com.

<표 12> 돼지고기 부위별 명칭과 용도. http://www.ekapepia.com.

<표 13> 햄의 분류. 햄 소시지의 재료. http://www.kmia.or.kr.

<표 14> 소시지의 분류. 햄 소시지의 재료. http://www.kmia.or.kr.

<표 15> 육제품의 종류. 진상근(2016), 실용육가공학.

<표 16> 최저가 배합비 [법적 및 품질조건 충족 전제]. 진상근(2016), 실용육가공학.

<표 17> 배합비의 유수분리 예측. 진상근(2016), 실용육가공학.

<표 19> 폴리에틸렌. https://www.copybook.com.

<표 19> 폴리프로필렌. http://sarahbioplast.com.

<표 19> 염화비닐. http://viplast.bg.

<표 19> 폴리염화비닐리덴. https://www.sorbentsystems.com.

<표 19> 폴리스티렌. http://www.osservatorioantitrust.eu.

<표 19> 폴리아마이드. http://www.terplastics.com.

<표 19> 셀로판. https://www.alibaba.com/product-detail.

<표 22> 알루미늄. http://korean.plastic-packagingbags.com.

<표 23> 종이와 카톤. http://amsinnovations.com.au.

<표 25> 각 최적의 품질보본을 위한 육류별 최대 냉동온도별 저장기간. Elton D. Aberle, John C. Forrest, David E. Gerrard, Edward W.(2016), Principles of meat science.

<표 27> 생장 온도별 주요 미생물. https://en.wikipedia.org.

<표 28> 성장 가능한 최소 수분 활성도. http://ko.nutri.wikia.com.

<표 29> 성장 가능한 최소 수분 활성도. https://www.slideshare.net.

<표 30> 식중독의 분류. http://www.kfda.go.kr.

<표 31> 식중독의 종류와 특징. 진상근(2016), 실용육가공학.

Index

허선진(Ph.D)

중앙대학교 동물생명공학과 교수

김형상(Ph.D)

중앙대학교 동물생명공학과

정은영(Ph.D)

중앙대학교 동물생명공학과

이승연(Ph.Dc)

중앙대학교 동물생명공학과

윤성열(MSc)

중앙대학교 동물생명공학과

김온유(MSc)

중앙대학교 동물생명공학과

이다영(MSc)

중앙대학교 동물생명공학과

BASIC MEAT PROCESSING

기초 육제품 제조학

초판인쇄 2017년 8월 31일
초판발행 2017년 8월 31일

지은이 허선진 · 김형상 · 정은영 · 이승연 · 윤성열 · 김은유 · 이다영
펴낸이 채종준
펴낸곳 한국학술정보㈜
주소 경기도 파주시 회동길 230(문발동)
전화 031) 908-3181(대표)
팩스 031) 908-3189
홈페이지 http://ebook.kstudy.com
전자우편 출판사업부 publish@kstudy.com
등록 제일산-115호(2000. 6. 19)

ISBN 978-89-268-8113-2 93570